方寸

方寸之间　别有天地

BURNING PLANET

燃烧的星球

[英] 安德鲁 · C. 斯科特 —— 著
Andrew C. Scott

火的自然史

The Story of Fire Through Time

张弓　李伟彬 —— 译

社会科学文献出版社
SOCIAL SCIENCES ACADEMIC PRESS (CHINA)

Burning Planet: The Story of Fire through Time was originally published in 2018.

This translation is published by arrangement with Oxford University Press.

《燃烧的星球：火的自然史》英文原版于2018年出版。

简体中文版经牛津大学出版社授权出版。

献给英国皇家科学院院士比尔·查洛纳（1928—2016）
感谢您将我引入火的史前世界

也献给我的妻子安妮
感谢你长期以来对我的支持与鼓励

目 录

目 录

序　言

野火，既令人兴奋不已，又令人望而生畏。野火失控的描述和图片经常出现在当今轰动一时的新闻中。因此，火总被人们认为是不好的东西，甚至被认为是由故意纵火行为引起的。然而，事实并非总是如此。我们容易忘记火也是一种自然力量。如今，地球上的火在很大程度上被人们误解了，因为很少有人知道它在我们星球上的历史可以追溯到 4 亿年前。人们在遥远的古代便已发现地球上有火的证据。在本书中，我将描述已知的火的漫长历史，我们所理解的火在生物进化和生态环境中所扮演的角色，人类对火的控制，野火带来的挑战，以及随着全球变暖，火还可能给人类带来的更大挑战。

我终身从事对火的研究。那篇关于 3 亿年前炭化叶的论文是我于 40 多年前发表的（这是第一篇鉴定最早的针叶树化石的论文）。从那以后，我就一直致力于研究过火的物体以及它们能告诉我们的地球史。那些不可思议的过火后形成的炭化物真的令人大开眼界，它甚至可以捕捉到花朵和其他精致的植物器官的细节。通过化石炭提供的丰富信息，我们可以拼合出这个星球上漫长的火的历史，以及它烧过的植被和植被生长过程中的气候状况。

我希望本书能向任何对我们这个星球的运行和历史感兴趣的人讲述火和化石炭的非凡故事。我将在书中偶尔介绍一些对某些读者来说可能陌生的地质术语，在第一次提到它们时我会进行解释，也会列出一个简短的术语表来帮助不太熟悉地质学语言的读者读懂本书。

当我们谈论深厚的历史渊源时，需要使用国际地质年代表，它将地球历史以数百万年为单位划分为代、纪、世（系）。该年代表在书的后面，以方便读者参考（见附录）。

首先，我必须感谢已故的英国皇家科学院院士威廉 · G.（比尔）· 查洛纳［William G. (Bill) Chaloner］教授，当我还是他的博士生时，他就第一次唤起了我对野火的久远历史的兴趣。当我们都从专业教学岗位上退休时，我很荣幸还能和他共用一间办公室。我还必须感谢玛格丽特 · 科林森（Margaret Collinson）（现已荣升为教授），她也是比尔教授的博士生，是我在皇家霍洛威学院（Royal Holloway）20 多年的同事，也和我一样对炭和野火感兴趣。我也要感谢伊恩 · 格拉斯普尔（Ian Glasspool），我以前的研究生，在过去的 20 年里，他给了我很大的支持和帮助。我们以前的许多研究生，包括米克 · 科普（Mick Cope）、凯特 · 巴特拉姆（Kate Bartram）、理查德 · 贝特曼（Richard Bateman）、蒂姆 · 琼斯（Tim Jones）、雷切尔·布朗（Rachel Brown）、霍华德·法尔肯－朗（Howard Falcon-Lang）、克莱尔·贝尔彻（Claire Belcher）、劳拉·麦克帕兰（Laura McParland）、维琪·哈德斯皮（Vicky Hudspith）、马克·哈德曼（Mark Hardman）、莎拉·布朗（Sarah Brown）和布列塔尼·罗布森（Brittany Robson），都对我的观点形成有所帮助。我还要感谢我在皇家霍洛威学院的同事加里·尼科尔斯（Gary Nichols）、戴夫·马泰（Dave Mattey）、戴夫·沃尔瑟姆（Dave Waltham）、莎伦·吉本斯（Sharon Gibbons）、尼尔·霍洛威（Neil Holloway）、凯文·德索萨（Kevin d'Souza），以及研究助理和博士后研究员尼克·罗（Nick Rowe）、珍妮·克里普斯（Jenny Cripps）和大卫·斯蒂尔特（David Steart）的鼓励。

我对现代火灾的经验首先是源于与黛博拉·马丁（Deborah Martin）、约翰·穆迪（John Moody）和苏珊·坎农（Susan Canon）的接触，然后是通过加入由大卫·鲍曼（David Bowman）和珍妮弗·鲍尔奇（Jennifer Balch）组成的热源地理学研究小组发展起来的。在此感谢他们邀请我加入他们的团队。我要感谢耶鲁大学地质与地球物理学系授予我客座教授身份，让我有时间去凝练、形成自己的观点；感谢已故的鲍勃·伯纳（Bob Berner）、已故的利奥·希基（Leo Hickey）、已故的卡尔·图瑞肯（Karl Turekian）和德里克·布里格斯（Derek Briggs）使这一切成为可能。还要感谢斯蒂芬·派恩

xi

（StephenPyne）、威廉·邦德（William Bond）、克里斯·鲁斯（Chris Roos）和许多其他曾鼓励我不断形成自己学术观点的人。我的好朋友贾斯汀·钱皮恩（Justin Champion，伦敦大学皇家霍洛威学院现代思想史教授）在这本书的历史学相关方面给予我帮助，非常感谢他的鼓励。

感谢史蒂夫·格雷布（Steve Greb）、伊恩·格拉斯普尔（Ian Glasspool）、加里·尼科尔斯（Gary Nichols）、斯特凡·多尔（Stefan Doerr）、汤姆·斯威特南（Tom Swetnam）、黛博拉·马丁（Deborah Martin）、约翰·穆迪（John Moody）、玛格丽特·科林森、斯图尔特·鲍德温（Stuart Baldwin）、丹·尼尔里（Dan Neary）、道格拉斯·亨德森（Douglas Henderson）、敏·明妮·王（Min Minnie Wong）、帕特·巴特林（Pat Bartlein）、珍妮·马龙（Jenny Marlon）、莎莉·阿奇博尔德（Sally Archibald）、约翰·戈莱特（John Gowlett）、勒罗伊·韦斯特林（LeRoy Westerling）和吉多·范·德·沃夫（Guido van der Werf）为本书提供插图。

特别感谢我的编辑莱莎·梅农（Latha Menon）邀请我写这本书，没有她的支持，本书就不可能问世；感谢牛津大学出版社的助理编辑珍妮·努吉（Jenny Nugee），感谢她指导我完成整个出版过程。我也要感谢文字编辑丹·哈尔丁（Dan Harding）和我的制作编辑杰玛·威尔金斯（Gemma Wilkins）。还要感谢本书的两位审读者和理查德·赖特（Richard Wright），他们给我提出了一些建设性的建议。

最后，要感谢我的妻子安妮（Anne）和两个孩子罗布（Rob）、卡特里娜（Katrina），感谢他们30多年来不懈的支持与鼓励。

1

火是什么

请赐我一束自然的火花，

那是我渴望的学问。

——罗伯特·彭斯（Robert Burns），1786 年

1

火的名声一直不好。野火肆虐加州和澳大利亚部分地区常常成为头条新闻。在新闻简报中，野火是一种必须要消灭的破坏者。但是，仅仅提及其危害失之偏颇。火有着十分悠久的历史。在遥远的过去，野火帮助我们缔造了这个星球的方方面面，植物和动物都以各种方式适应它。在这本书里，我们将了解到穿越时空的火的故事。但我们是从现在开始，从发生在当今世界各地的火灾开始，从卫星技术怎样改变我们对野火的看法开始来展开的。

我们大多数人很少或完全没有经历过野火，只是在电视画

面中见过火灾场景。通常，人们会问两个问题：第一，是谁引发了这场大火；第二，它能多快被扑灭。尽管这两个问题看似合理，但暴露了我们对火在我们星球上是如何运行的存在误解。我们假定火是由人类引发的，不管是无意的还是有意的。这有可能是真实的，但事实上全球一半以上的火灾都是由自然原因引起的——大部分是由于雷击，但也有其他原因，如火山活动等。每时每刻，世界上某个地方都可能在着火。另外，火总是应该被扑灭。但是，我们真的应该赶着去扑灭所有熊熊燃烧的森林之火吗？

野火是大自然最可怕的灾害之一。大风和暴雨可能会减弱，我们可以寻找躲避它们的地方，但是我们却很难逃脱火灾。许多被野火烧死的人就低估了这种自然力量，甚至那些有灭火经验的人也会发现自己的退路被切断，并最终葬身火海。

正如我们将会发现的那样，不是所有的植物都以同样的方式燃烧，有不同种类的火，从燃烧地表植物的火到烧穿树冠的火。所以，它们产生的后果也可能大不相同。在世界上的有些地方，火不仅是一种自然现象，也是生态系统的一个基本组成要素。而在有些环境中，火灾是不自然的，应该被避免。这似乎是个简单的二分法则，但是在一个地区，或者更具体地说在一个国家，可能包含以上两种情况，因此关于火灾的国家政策不仅难以制定，而且非常难以实施。以马达加斯加岛为例，该岛一半需要火，另一半不需要，因此“一刀切”的全国范围的灭火政策对环境造成了许多意想不到的后果。[1] 在某些情况下，灭火行为可能最终会导致更强烈、更严重的火灾，从而可能会造成更大的损失。火给我们留下的是“好”或“坏”的标签，尽管所有的火都被人们倾向于贴上坏的标签。

我目前居住的英格兰南部并不是一个火灾频发的地区。当火灾真的发生时，它们常被视为灾难性的。记得在我家附近石楠丛生的荒地上发生了一场大火，火灾后看起来一切都被烧毁了。大火留下了一片漆黑、荒凉的景象，新闻报道里播出的凄凉画面暗示这就是一场灾难。然而，20 多年后的今天，在参观该地区时，根本看不出这里发生过火灾——因为植被已经完全恢复（图 1）。我们需要对野火进行更全面的了解，这就意味着对火作为地球系统一部分的作用要做更深入的了解。

要理解火在地球上所起的作用，我们需要知道：是什么因素产生了火；维持一场大火需要什么条件；火灾什么时候对生态系统有利，什么时候不利。要从整个地球系统的角度评估火灾，我们不仅要考虑火灾的物理和化学因素，还要考虑生态和环境因素。从地质学角度来说，人类与火的关系出现的时间相对较短，但人类对环境的影响是相当大的，这一点我们也必须铭记在心。

至少 4 亿年来，自从陆地上有足够多可燃烧的植被，火就一直是地球运行的重要组成部分。火的产生首先需要燃料。其次需要氧气，毕竟氧气是燃烧的必要条件：燃烧是另一种元素与氧气的结合，是一种释放光和热的化学反应过程。所以空气中必须有足够的氧气，并且在地球史上氧气需要很长时间才能

3

图 1 （a）1995 年英格兰萨里郡弗瑞莎姆（Frensham）大火的严重后果，目之所及是一片焦土以及火灾后不久长出的蕨类植物；（b）10 年后在同一地方，可看到再生的石楠。

积累起来。最后气候条件也很重要。燃料要干燥，火才能燃烧起来。因此野火在更温暖的气候下更常见，而且长时间的低降水量也会为火灾的发生和蔓延推波助澜，风也可能是加速火灾迅速蔓延的一个因素。这就使我们在生活中产生了火灾天气和火灾季节的概念，即火灾易发的气候和时段。我们预测火灾发生的能力越来越强，所以极大地减少了野火中的死亡人数。

如果没有火源，火灾无论如何也不会发生。火源可能是自然的或人为的、意外的或故意的。人们倾向于寻找应该对火灾负责的人，比如蓄意纵火者，或某些在使用篝火、做烧烤或抽烟时因不小心而酿成火灾之人。在一味地指责这些为火灾负责的人的同时，我们往往会忘记一些植物比其他的植物更容易燃烧，也可能会忘记在一些地区比在其他地区更容易引起火灾，甚至还可能会忘记有难以预料或意想不到的后果。我记得不久前看到一部关于加州火灾的电视纪录片。[2] 演讲人告诉观众一些植被是如何被圣安娜强风轻易助燃和吹散的，他还展示了人们正在一些非常易燃的植被附近建立社区。为了说明这一点，他开车上山拍摄，并把车停在草地边缘。然而，他不知道他这辆装有催化转化器排气管的汽车（据说是环保的）底盘下面会发热。车底下的草着火了，引发了汽车的爆炸，一场野火瞬间被点燃。火借风势越烧越大，燃烧了周围干燥的植被，并朝着房屋的方向蔓延。这部纪录片的其余部分展示了火灾是如何发生的，以及消防员是如何努力拯救附近社区的。

追踪现代火灾

我们对于火在现代地球上的作用的认识，是大约从 30 年前才真正开始的，而实时卫星成像技术在这个过程中起了关键作用。技术的快速进步使偏远地区的图像能直达我们的客厅，再加上互联网的出现，我们比以往任何时候都更能够意识到野火的自然力量。然而，公众对野火的认识却仍然滞后。

对于那些生活在乡村的人来说，在人类的控制下，火有时被视为一种积极的东西。刀耕火种的农业之后可能会更可持续地将火用于清理田地或改变农业用地。然而，随着越来越多的人搬进城市中心，火，至少是野火，已经淡出了人们的视线。所以我们可能会问：火在地球的什么地方被引发；它是生态系统的哪个自然组成部分；它不属于哪里。

对于地球上经常被烧的大片大片的植被，以及人类如何与自然互动以限制和控制火，甚至某些有意助燃的情况，我本人知之甚少。只有当你从空中甚至从太空中看到大片土地时，才能知晓那些火灾规模的大小。

在 20 世纪 60 年代末之前，火灾的规模和影响只能基于非常零散的观察和评估，如机场能见度等指标。在这方面的第一个突破不是来自航空监测，而是卫星图像。在 20 世纪 70 年代，图像来自美国地球资源卫星，第一颗地球资源卫星是于 1972 年发射的。这些卫星系统地拍摄地球表面，并通过比较燃烧区域的每日图像来跟踪火灾。此外，还可以绘制出燃烧区域的完整尺寸图。另一个重大突破是掌握了记录和分析光谱的不同部分的能力。特别是红外线分光镜的使用，使得在照片中显示为红色的活的植被能够与过火的植被以及实际上没有植被的地方截然分开，而且这些情况可以被精确地绘制和量化出来。数据采集来自美国地球资源卫星图像，使得假性彩色图像的开发成为可能，例如，假性彩色图像在美国火灾区应急响应部制做《燃烧势态图》时发挥了关键作用，该图可以使规划者和林业人员考虑火灾的后果和相应的后续措施。所以，地球资源卫星成像技术让我们对整体范围内的火灾有了更深入的了解。

然而，直到20世纪80年代，随着新的卫星数据投入使用，对火灾的观察和评估水平才有了进一步的提高。当时出现了极高分辨率辐射仪，这种由卫星携带的仪器可用各种波长较长的波段扫描地球表面。随着不断升级，现在它可以通过测量不同的波长来获取各种各样的数据，比如，可识别火灾产生的烟柱，并且可从热红外线数据中识别出火的温度。其中，非常关键的革新之一是能够监测在夜间突发的野火。

卫星可以置于不同的轨道上。一些被称为地球同步卫星的卫星保持在地球的同一个点上方，因此可以设置它们在地球绕其轴旋转时连续记录该点的数据。相比之下，极轨卫星可以在24小时内覆盖全球。因此，我们每天可以利用这些卫星进行观测。

如今，太空中有许多由美国国家航空航天局（NASA）、欧洲航天局（ESA）和其他国家发射的卫星，它们共同提供包罗万象的与火灾相关的数据。例如，欧洲航天局的环境卫星（ENVISAT）就是为监测气候和环境变化而设计的。这种卫星有一个极轨并携带高级沿轨迹扫描辐射仪（AATSR）。该辐射仪每年通过处理 8 万多张图像来提供用于构建火灾地图册的数据，还可以给出火灾的精确位置。[3] 美国国家航空航天局的极地轨道卫星和水文卫星上最有用的仪器之一是中分辨率成像光谱仪（MODIS）。来自该传感器的数据被用于绘制活跃火灾图和计算燃烧面积的大小，所以它产生的数据量巨大。再加上来自一系列卫星的海量数据和越来越复杂的仪器设备，很明显，如果没有并行计算技术的发展，就不可能在理解、跟踪和预测火灾方面取得突破，因为并行计算技术使得“大数据”得到合理的管理、组织和阐释。

一些最引人注目的火灾图像来自国际空间站。从空间站可以看到印度尼西亚的泥炭大火在许多地方燃烧，当它们的烟羽向北飘向新加坡和马来西亚时，就融合在一起了。2007 年 10 月，一张来自美国南加州的照片显示到处都有大火肆虐，太平洋上空浓烟滚滚（彩图 1）。只有当我们从太空中看到这样的图像时，我们才意识到地球上野火的范围和规模是如此之大。当这些数据展示在《世界野火分布年度总图》上时，它的巨大规模就更加引人注目了（彩图 2）。毕竟，每时每刻都有许多大火在世界各地燃烧。

火灾发生时的数据可显示出火灾是如何在一个月周期内改变其分布的。没有任何地方比非洲更引人注目的了；在这一年中，我们可以看到被烧毁的区域在向南移动（彩图3）。另一个发现是我们能够通过火灾看到两个国家不同的消防管理方法的政治界限。一个很好的例子是俄罗斯和中国边境两侧都发生了火灾，远东的边界可以通过俄罗斯一侧边境发生的火灾来识别（图2）。

所有这些催生了先进的计算机模型的产生，如美国政府机构使用的火区模拟器（FARSITE）。火区模拟器可以计算不同地形、燃料和天气条件下长时间的野火产生和燃烧过程。这种模型为在未来不断变化的气候条件下火势将如何变化提供了深刻的见解。[4]

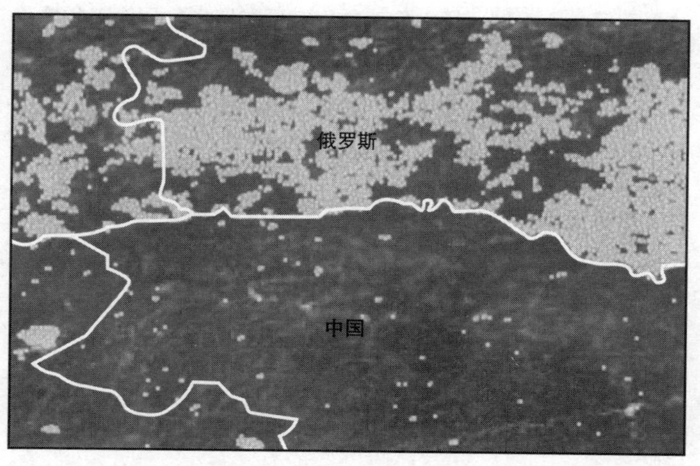

图2　从太空视角绘制的火灾图。图中淡点表示火灾爆发处。火线在某种意义上显示了俄罗斯与中国的边界。

火灾之后

9 我们所有人都低估了火灾头条新闻标题背后的影响。我们可能会在电视或报纸上看到重大火灾的报道，但不会去想火灾后还会发生什么。其后果不仅仅局限于社区重建和植被再生。

和其他人一样，起初我也没有认识到一场重大野火的后果。在 2002 年 10 月参观科罗拉多州丹佛市时，我才真正意识到火灾后果的严重性。那年早些时候，发生了一场名为“海曼大火”（Hayman Fire）的特大森林火灾，它覆盖了丹佛市郊围绕着该市主要水库的大片地区。那一年，丹佛恰好是美国地质学会年会的会址，我利用这个机会和美国地质勘探局（United States Geological Survey）的研究人员一起去看了火灾发生的区域。10 这是我第一次看到一场大型森林火灾后的景象，尽管那年雪来得比往年更早，但我们看到的情景还是令我大吃一惊。

当初在新闻上看到大片森林被大火烧毁时，我一直以为树木会被大火全部烧毁。但是，即使在一些燃烧最猛烈的区域，大多数树干仍然屹立不倒，尽管许多树干已经变黑并且所有的树叶都被烧毁了（图 3）。有些树和灌木丛还没有被完全烧毁，有些还留着叶子；离森林地面更近的一些地方的植物变成了棕色，但还活着。伏地的植物被完全烧毁了，要么被烧掉不在了，要么已经炭化。显然，并非所有的树木和区域都受到相同的影响。

11 我事先没有料到的第二个点是树木被火烧成的炭和土壤层

图 3　2002 年海曼大火后科罗拉多州丹佛市附近的松林，树木有些被烧焦，有些却幸存下来了。

通过水移动，这被称为火后侵蚀（post-fire erosion）。地表植被的燃烧有两个重要影响。首先，它会烧死植物，烧毁或烧焦植物体。其次，大火产生的高温可能会影响土壤及其结构。一部分土壤的有机物质可能被破坏，但一些有机化合物也可能继续沉积在其余部分的土壤中，从而在地表下方的土壤中形成防水层。这种影响可能是非常深远的。维系土壤的植物根系的丧失以及土壤结构的改变，都意味着暴雨可能会迅速冲走烧焦的植被和表层土壤。同时，土壤中的任何裂缝都会变宽，进而不断侵蚀周围的环境。

我也没有料到会在被烧毁区域之外看到火灾的证据。我们驱车前往远离火灾区的一个野餐地点。在穿过这个地方的一条小溪岸边，有大量的积炭，还有一些炭淤塞在河道里。木炭显然是被冲离了燃烧区域并被带入了小溪，溪流将火灾发生的证据带到了几十英里（1 英里 =1609.344 米）之外。火灾区外的整个河道都被这场突如其来的洪水带来的沉积物和木炭的混合物填满了，还形成一条被充满木炭的水弄得脏兮兮的瀑布。

在第一次前往火灾区的过程中，我们越来越清楚地意识到，人们不仅担心被烧毁的植被，还担心火灾可能造成的影响远远超出其直接的破坏区域。大量的水和沉积物会被冲入河流，导致下游洪水泛滥。保险公司对此尤为担忧，因为它们不得不为火灾区域以外的洪水损失买单，在某些情况下，甚至要赔付火灾区域下游 100 英里以外的洪灾损失。尽管火灾后已经有足够的应对措施，但为什么林业局没有采取更多措施来防止洪水泛滥?

我认为，海曼大火改变了我们对大型火灾及其后果的认知。人们对野火的起因给予了很大的关注，却往往忘记了还有许多因素在火的蔓延过程中起了作用。在海曼大火发生时，科罗拉多州落基山脉前沿一带已经干燥了好几个月，事实上，这种干燥的状况通常已持续了好几年。此外，地面上积累的可燃物很多，一部分是森林中以前扑灭大火后的过火的植物，包括大面积的黄松。这简直是一场“完美风暴”。火灾刚发生时，风很大。当时，一个以华盛顿东部上空为中心的低压系统给该地区带来了强烈阵风。第一天大火就蔓延了超过 6 万英亩（1 英亩≈ 4047 平方米）的土地。

12

我们现在认为，这场大火源于2002年6月8日星期六下午的一场废弃营火。[5]像往常一样，它开始是一场地表火（surface fire）（图4），燃烧并烧毁了森林地面的植被。燃料的数量和条件决定了它很快就会迁移到树顶，成为树冠火（crown fire）。[6]炽热的余烬被强风推动的烟羽带走，并在一定距离外引发新的火灾——这一现象被称为“星火燎原”。尽管消防队员做出了迅速而积极的反应，他们使用了多种技术来控制火势，包括使用空中灭火机和直升机，但也无济于事，火势迅速蔓延，数百英亩的森林在几小时内就完全陷入一片火海。

是夜，天气依然干燥而暖和。到第二天早上，受影响的面积又增加了1000英亩。高达每小时50英里的强风和极低的湿度使情况变得更糟糕，这场大火势如破竹，燃烧了各种类型的植被。又过了一天，火势进一步扩大。在强风的推动下，大火沿着南普拉特河走廊向齐斯曼水库（Cheeseman Reservoir）蔓延了19英里。齐斯曼水库是该地区的一个堰塞湖，是丹佛这座大城市的主要水源。大火产生的烟雾造成了独特的天气，形成了被称为热积云的大片积云，它能在大火上方21000英尺（1英尺=0.3048米）处逐渐形成。这个阶段的火势以每小时2英里以上的速度蔓延。这时的大火燃烧有好几个方向，所以压制火势是个大问题。

14

6月10日至17日这一周的情况有所改善，风速减慢、湿度增加，但不足以阻止火势蔓延。6月17日和18日，大风和较低的湿度恢复时，火势又增强了，其蔓延速度也加快了。幸

图4　各种类型的植被火灾：(a) 地表火，只有枯枝落叶和地被植物被燃烧；(b) 树冠火，它通过燃料像爬梯子一样烧到树顶；(c) 地下火，它会燃烧土壤中的有机层，包括泥炭。

运的是，潮湿的季风天气随后到来，阻止了火势进一步的蔓延，但即使如此，大火仍持续烧到 6 月 28 日。到此时为止，在方圆数英里范围内的 13.8 万多英亩土地受到火灾的影响。

消防灭火意义重大，但通常天气的变化对扑灭野火至关重要。一场大火看似已经被扑灭，而实际上它却继续在地下闷烧。湿度的变化或风速的加快可以使它复燃。2013 年 10 月发生在邻近旧金山的约塞米蒂国家公园附近的边缘火灾（Rim Fire）就是一个很好的例子。[7] 尽管人们为灭火做了大量工作，但这场大火最终还是因为后来当地的天气发生了变化而熄灭的。

美国国内和国际媒体都报道了海曼火灾，尽管火灾结束后人们的关注度有所下降，但人们很快意识到需要对火灾的后果做进一步调查。

对河流和水库的影响是这场火灾的直接影响之一。火灾过程中产生的灰烬和炭已沉积到齐斯曼水库里。这会产生许多影响。比如，它堵塞过滤系统，水质就会受到影响。这是个重大问题，因为这个水库是该地区的主要水源。漂浮在水面上的细灰含有矿物灰和一系列可溶物质，所以会使水不经处理就无法饮用。磷等元素可以刺激水里的藻类生长，消耗水中的氧气。人们很快意识到，如果火灾后有大量降雨，将会产生更广泛、更严重的后果。火后侵蚀产生的一些沉积物被冲进了齐斯曼水库，所以水库库容就进一步减小，同时洪水也将污染物带入水库，这就给供水带来了额外的难题。

这并不是该地区发生的第一起火灾。事实上，这种火灾可能会在数百年或数千年时间内时常发生。穿过被烧毁的区域时，很明显可以看出，这里的许多景观特征只可能是由火后侵蚀和沉积造成的（图 5）。

两年后，作为火后侵蚀研讨会的议程之一，我们一行人参观了过去 10 年中的 7 个火灾遗址，其中包括海曼火灾。令人惊讶的是，火灾两年后，仍有大量沉积物和木炭在这片土地上移动。美国林业局已经尝试了许多方法来阻止沉积物的移动。在一些地区，人们扔下的稻草包在地表形成一个覆盖物，这样水分就被吸收而不是流失了。在其他地方，砍下一些枯死的树干来阻挡滑动的沉积物。

图 5　科罗拉多州丹佛市附近 2002 年海曼大火后被烧毁的森林，图片显示了之前因多场大火持续积累沉积物导致的沉积物层。

附近的另一个火灾现场更有趣。1996 年科罗拉多州发生了布法罗溪涧大火（The Buffalo Creek Fire）。[8] 美国地质勘探局水文部的研究人员对该地区进行了大规模调查，他们带我们四处考察这场火灾的遗址。在这里，大火扑灭几周后的第一场大暴雨就使大量的沉积物在一夜之间搬了家。这些沉积物形成一个大的冲积扇，附近的河道也被沉积物堵塞（图 6）。其中一些被重新侵蚀，并沿着支流向下移动。这种大规模迁移会在火灾后持续数月，不仅会影响邻近区域，改变溪流和河流流向，冲毁小路或公路，还会影响邻近火灾区域内外的人畜的安全。当你看到被木炭染成黑色的河流或瀑布时，很难理解这种情况为什么没有被更多地记录下来。

这种混合着木炭的洪水流动的速度令人惊讶。2010 年我

图 6　1996 年科罗拉多州布法罗溪涧大火后暴雨形成的冲积扇。

17 的一个研究生在一个叫科罗拉多州沙丘的地方遭遇了一场大火燃烧区域内的暴风雨。几小时内，一条充满木炭的小溪出现了，人们显然不知这是从哪里来的。这种现象已经在世界许多地方出现过（图 7）。

也许这种侵蚀和沉积最显著的影响是在 1988 年黄石国家公园系列火灾之后才显现的。在当时，发生在该公园大片区域的火灾震惊了全世界。多达 793880 英亩土地（整个公园面积的 36%）受到影响。随后，人们就灭火政策可能对火灾范围及其严重程度产生的影响展开了辩论。有人认为，多次灭火行为往往会使大量的可燃物积聚起来，因此，当不可避免的火

图 7　森林火灾区域暴雨后富含木炭的洪水［2002 年美国亚利桑那州阿帕奇 - 西特格里夫斯国家森林公园（Apache-Sitgreaves National Forest）的罗迪欧 - 切迪斯基大火（Rodeo-Chediski Fire）］。

灾发生后，火势必然会变得更大、更猛烈，大火也就更难以扑灭。然而，并非所有人都同意这个观点。火灾发生后，这里发生了太大范围的沉积物移动，沉积物穿过陆地并涌入附近的湖泊（图 8）。[9] 尽管最近的证据显示火灾后会有进一步的侵蚀及随后的沉积，但教科书中仍极少或根本没有提出火是一种媒介。要认识这种自然力量的重要性和更广泛影响还需要时间。

19

火灾对社区的影响

野火对人们造成的影响自然是媒体关注的焦点，新闻往往突出报道人们的伤亡或财产损毁的情况，着力渲染火灾的场景，以及火灾是否可以及何时能被扑灭。很少有人讨论是否应该让一场大火继续燃烧，也很少有人认识到在特定的易燃环境中建

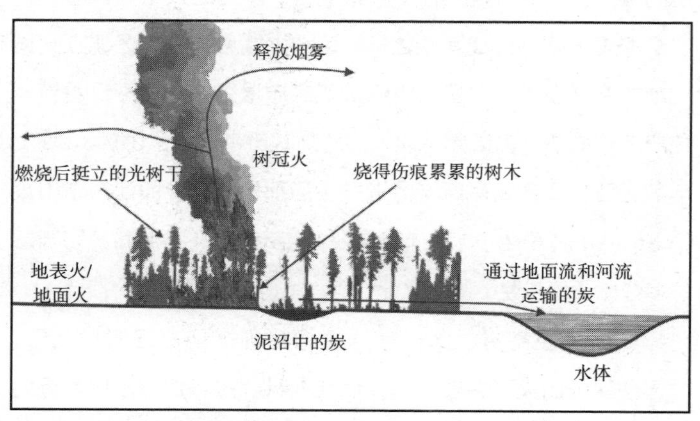

图 8　野火的产物及其移动过程。

造房屋是种愚蠢的做法。2009 年澳大利亚南部维多利亚州的黑色星期六森林大火（Black Saturday Wildfire）就充分说明了这一点，其过火面积达到 110 万英亩。然而，最近还发生了几次规模更大的火灾：2016 年加拿大的麦克默里堡火灾（The Fort McMurray Fire）过火面积高达 150 万英亩，1983 年在印度尼西亚加里曼丹（Kalimantan）发生的特大火灾覆盖面达 900 万英亩，造成 173 人死亡。如此多的人葬身火海无疑是个悲剧，但人们似乎仍然对森林火灾知之甚少。

森林火灾对人类个体或社区的影响可能表现在几个方面。最明显的是在山火蔓延过程中存在潜在危险（彩图 4）。无论在易燃区域建房是否明智，在面对蔓延的火情时，人们始终面临着选择逃离还是留守防御的难题。有些小火灾燃烧速度缓慢，仅限于地表火。而有些树冠火则会烧至树冠并迅速蔓延，尤其遇到强风，火势蔓延的速度非常惊人，星星之火也会伴随大风吹送的炽热余烬形成燎原之势。这种火情可能会在远离主火线的地方突然发生，并切断人们所有的撤退路线，这不仅对当地住户造成威胁，也给参与灭火的消防队员带来巨大困扰。2013 年美国亚利桑那州凤凰城附近发生的那场火灾，即亚内尔山火（Yarnell Hill Fire），就使普雷斯科特市的 19 名消防员因肆虐的多线山火而丧生。[10]

即使房屋空置，即使最周密的防御措施都已安排到位，也无法保证山火不会发生。我朋友在科罗拉多州博尔德附近的家就是一个例子。他们所采用的空间隔离的防火方法曾作为典型示例用来教育当地居民：他们将房屋周围的植被砍得很稀疏，以防止火灾殃及房屋。2010 年发生了一场蔓延了 4 英里的峡谷大火，事发地就在博尔德附近，所幸火灾发生时他们不在家里。当朋友一家在电视新闻中看到他们的房子着了火而周围的树木却安然无恙时，可以想象他们脸上惊讶的表情。因为防火保护措施起到了作用，火势原本并未蔓延到他们的房屋，但最终几乎没有什么能阻止强风吹来的炽热余烬点燃他们的家。

我们总是关注火灾本身及其破坏力，但也不应忽视它产生的烟雾和其他有害物质的危害（彩图 5）。火灾产生的烟羽可以绵延数百公里，其规模之大，经常从太空中都能看到。我们发现，烟羽会以水平和垂直两个方向蔓延。因此，我们必须考虑至关重要的一点：烟雾这种刺激物的作用以及它对哮喘等呼吸系统疾病患者的威胁。印度尼西亚泥炭火灾产生的烟羽（图 9）在新加坡和马来西亚已造成了大范围烟雾污染，2012 年西伯利亚山火产生的烟雾造成严重污染，其影响甚至波及遥远的莫斯科。最近的研究已将许多死亡案例与森林火灾产生的烟雾联系在一起。[11]

火灾对人类造成的危险并没有随着火苗的熄灭而结束。正如我们曾看到的那样，火灾后的强降雨不仅会导致灾后泥石流出现，还可能会导致数英里外的大规模洪水暴发。

火灾不仅会影响到居民，还会影响到社区的建筑和其他基础设施，在这种情况下，是否应该将消防员的生命置于危险之

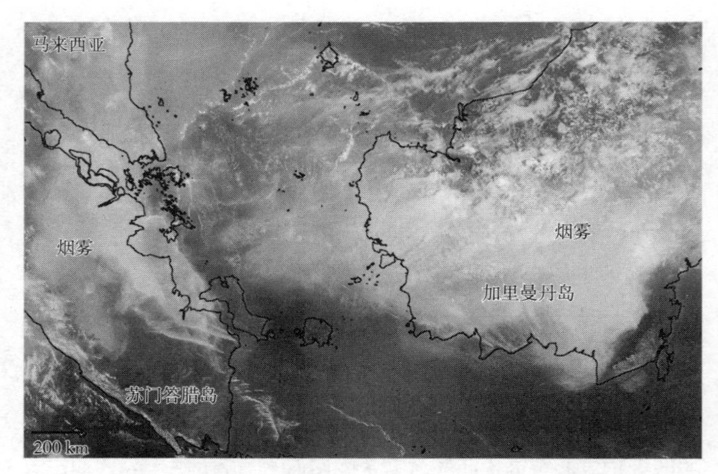

图 9　2015 年 9 月 24 日，美国国家航空航天局地球观测站从太空看到的印度尼西亚火灾烟雾。

中是一个敏感的政治辩题。有时，大型基础设施会受到烧毁计划（人为控制下，有计划、有目的地在规定林区内烧毁累积过多的可燃物）的威胁。几年前，这种火灾就威胁了美国喷气推进实验室［2009 年空间站火灾（Station Fire）］。[12]幸运的是，火势在实验室被摧毁之前得到了控制。另一起重大事故则发生在美国新墨西哥州洛斯阿拉莫斯核研究设施的周围［2011 年洛斯康查斯大火（Los Conchas Fire）］。[13]

火灾不仅仅影响人类，我们还需要考虑火灾发生时以及火灾后（甚至是多年以后）对动植物的影响。动物对山火主要有两种反应：逃跑和躲藏。我常看到很多动物在火灾后死去，这些画面触目惊心。然而，有的动物常能感知到火势的逼近并迅速移动，逃往更安全的水域，其中最常见的场景之一便是水中的鹿群和它们身后熊熊的森林大火（彩图 6）。

大型动物通常能快速奔跑以逃离火灾，但小动物可能就很难成功逃脱了。许多小动物会挖洞或躲在洞穴中，甚至把自己深深埋在森林地面的松软层里以求生存，然而这也不能保证绝对安全。每次火灾过后，人们总能在火势蔓延到的地面上见到不少烧焦的甲虫和其他小昆虫。而两栖动物和爬行动物，尤其是蛇和蜥蜴，它们的处境往往更令人担忧。这不仅因为它们可能会被大火烧死，还因为它们的栖息地和食物链会遭到破坏，即使这种破坏是暂时性的。当然，最猛烈的大火也不一定会烧毁所有的植被，许多火灾呈不均匀分布模式，即使在受损严重的区域也有一些植被安然无恙，而这些幸存的孤岛区域将成为动植物群落繁衍生息的摇篮。

火与植被

火灾对植被的影响迥异，这取决于受火灾影响的植被类型。很明显，有些类型的植被对火非常敏感。这通常发生在热带雨林等自然火灾较少的地区。在这些地区，许多火灾是由人类或人类活动有意或无意引发的。在这样的地方，火灾后植被的恢复可能需要几十年甚至几百年的时间。而对有些类型的植被来说，火灾可能每隔几百年才发生一次。如果有些植被留存下来，这些植被可能最终会恢复，但在恢复为原始类型之前会经历一

23

系列变化。在野火更频繁的地区，火的破坏性可能更小。在这些地区，森林地面上累积的可燃物可以通过温度较低、缓慢燃烧的火来逐渐减少，这种火不会烧死主要的植物。比如在不列颠群岛上的帚石楠荒地中，帚石楠可能不会被温度较低的地表火烧死；尽管在被大火后烧得漆黑的环境中，所有的东西看起来都消失了，就像我住的英格兰萨里郡的房子附近发生火灾后的情况一样。第一场雨过后，绿芽很快就会冒出来，一些地区将在几年内恢复原状。

某些类型的植被，尤其是针叶林（彩图7）所在的地区，火灾发生得更频繁，有时一个世纪要烧好几次。美国西部的黄松林就属于这种类型。在这里，常有的地表火减少了可燃物的累积量。如果没有森林管理，倒下的大小枯枝就会堆积起来，所以当野火最终爆发时温度更高、火势更猛，并会向上蔓延，造成更危险的树冠火（彩图8）。正如我们将看到的那样，过去一个多世纪森林管理实践的变化、公众对火灾性质的误解、灭火以及气候变化等，都导致了“特大火灾”的增加。

如果火灾没有完全毁灭植被，原有的植物群落就可得以保持。但是，如果火灾足够严重，林木植被就可能会被破坏，首先入侵物种或先锋物种会进入此地，然后，如果没有另一场大火，一系列更复杂的植物群落将发生生态演替，直到形成顶极生态群落。然而，如果火灾频发，顶级森林可能不会再次出现。

适应火灾

有些种类的植物天生容易着火，几百万年来，一些植物已经发展出应对火灾的策略，而有些植物甚至已经进化到能够利用火灾。大树生存策略的一个很好例子就是演化出一种很厚的耐火树皮（图 10）。某些种类的松树已经实现了这一点，正如我们将在后面看到的，这一特征是在大约 1 亿年前白垩纪大火

图 10　大火会给树留下伤痕，但不会把树烧死。

期间进化而来的。最著名的例子之一便是巨型红杉的厚树皮。从砍伐的树上留下的火烧过的痕迹可以看出，这些树在其超过1000 年的生命周期中经历了许多次火灾。厚厚的树皮形成一个隔热层，减少高温向形成层生长细胞传递，形成层就是树干外、树皮下面的那一层。但是高温也可能减少木质部细胞中的水分，这些水分是从根部输送到树叶的。

许多植物通过地下根系生长进行无性繁殖。它们看起来像是被地表火烧死了，但是它们的根系可以存活下来，并在以后重新发芽。这种情况不仅见于野草和一些灌木，也常见于一些树木。在美国西部火灾多发地区经常可以看到“小白杨”[欧洲山杨（*Populus tremula*）]，看起来像一簇簇的树，但实际上是在地下连接在一起的单一植物。

25

有的植物的嫩芽被树皮保护起来，在火灾后就可萌发，这当中就有澳大利亚的一些桉树。而某些针叶树的球果只有在高温下才会裂开，这样种子就可以撒到没有其他竞争对手的裸露土壤上，狐尾松就是一个很好的例子。还有其他一些植物会在火灾后播撒种子，如南非和澳大利亚的一些蛋白质植物。对火灾烟雾中的化学物质有反应的植物则更引人注目。在南非的芬博斯天然灌木林中，有些植物在大火烧过时释放出种子，随时准备生根发芽。数百种植物采用了这一策略。芬博斯天然灌木林的其他一些植物把种子储存在土壤中，等待火的热量引发它们的萌芽。

26

在一些地区，火灾后通常会发现某些植物。常见于落基山脉的火草（*Chamerion augustifolium*，一种在火烧过的土地上生长极快的野草）就是一个例子。另一种是毯花，或叫天人菊（*Gaillardia*），一种依赖火的物种，它们埋在土壤中的种子只有在被火燃烧后才会发芽。这些花与一种蛾子有关，这种蛾子经常出现在花上并依附于它（图 11）。[14] 以上两者都可能受到火被扑灭的威胁。

有些植物很好地适应了在某些情况下频繁发生的火灾。加利福尼亚州南部的灌木丛经常在剧烈的树冠火中燃烧。还有一个例子则来自澳大利亚中部和北部，这里有一种类似鬣刺草的植物，叫作三齿稃（*Triodia*），每隔几十年就会被烧一次。还

图 11　美国科罗拉多州的毯花。它在野火烧过的地方开花，是一种依赖火的物种。其种子只有在被火燃烧后才会从土壤中发芽。与之紧密相关的是伪装良好的毯花蛾。因大火被人为扑灭，这种花和蛾都变得稀少了。

有一些植物对火有适应性。

中非和南非的稀树大草原由抗旱草组成，这种草被称为C4草。这片热带草原需要被火烧。火灾发生后，这些草就容易重新发芽。这种火灾多发地区的植物可能会遵循进化生态学理论中的“杀死你的邻居”假说。[15] 如果一株植物被烧但没有被烧死（因为它可能有许多适应火的特性），而它邻近的植物随着火的蔓延而被烧死了，这就给幸存者留下了空间，让它们可以生活在空旷的环境中。所有这些与火相关的适应和策略都指向与火相互作用的漫长进化历史。

受控的火灾

在世界许多地方，使用火是很普遍的，它并不是一种可怕的力量。但在过去的100多年里，人们对火的态度已发生了转变。火灾史专家斯蒂芬·派恩认为，人类向城市中心的迁移对我们与火灾的关系产生了深远的影响。他转引道，“我们既要利用火来提供能源、供暖和运输，又要将火拦在建筑物之外”，他将这种转变描述为“燃烧转换”。[16] 我们将在本书的结尾处再次论及该观点。

越来越多的人搬进城市中心，人们普遍倾向于认为所有的火都是不好的。大家对野火的态度可能是极端的，其反应也是不理智的。在漫长的地球历史中，对火的作用及其与生命的关系的理解为世人提供了必要的、更广阔的视角，而在我们努力应对气候变化的影响时更是如此。

为了开始对火之历史的探索，我们需要首先了解追踪火的主要线索之一——炭。

2

变脏：木炭能告诉我们什么

我们大多数人对木炭都很熟悉，在学校我们用它画画，或用炭块来烧烤。你会注意到它会弄脏你的手，而且它很脆，也很轻——至少比等量的未炭化的木头轻。一看到篝火的黑色残留物你也可能将它们与木炭联系在一起。如果去过一个植被被野火破坏的地方，你可能也会注意到地面上黑色的木炭残留物，它们会在你的脚下发出嘎吱嘎吱的声音（图 12）。[1] 前面我们提到画画用的木炭和用于烧烤的木炭都是人工制品。篝火燃烧形成的木炭则是一种自然形成的材料，但它与野火并无联系。当我们看到植物燃烧时，很自然就联想到所有植物都被火焰完全吞噬。然而，当我在参观海曼大火遗址时才突然意识到，火灾中经常有大量未燃烧的物质和木炭残留物。

木炭的形成

为什么大火会给我们留下木炭？木炭是在没有氧气参与的情况下通过高温加热植物（通常是树木，但不仅限于此）而产生的。所以木炭不是火本身的产物，而是燃烧时的高温的产物。

30

树木基本上由两种有机化合物组成：纤维素（Cellulose）和木质素（Lignin）。这两种化合物都是由碳、氢和氧组成的，但由于它们的结构不同，因此特性也不同。在纤维素中，碳原子排列成直线（这是脂肪族化合物的一个特点），是造纸的原材料。而在木质素中，碳呈环状排列（这是一种芳烃化合物），正是这种结构赋予木材以韧性和强度。

工业木炭被用于各种冶金过程，作为吸附剂和食品添加

图 12　1995 年萨里郡弗瑞莎姆镇地表火产生的木炭。

剂，以及用作烧烤燃料和艺术家的颜料，所以它的构造已经被仔细研究过。随着温度的升高，木材会发生一系列的物理和化学变化，其中纤维素和木质素被分解成各种化合物。最初，木材会吸收热量，从 20℃升高到 110℃时，由于水分蒸发，木材会彻底变干。当燃烧的温度从 100℃升高到 270℃时，剩余的水分（其中一些与构成木材的化学物质结合）也被排出。在这个阶段，木材开始分解，释放出一氧化碳（CO）、二氧化碳（CO_2）和甲烷（CH_4）等气体，以及乙酸（CH_3COOH）、甲醇（CH_3OH）和其他化合物。在下一阶段，当温度从 270℃升高到 290℃时，木材继续吸收热量，可能会产生一些焦油，这是一种液体碳氢化合物和游离碳的黑褐色混合物；随着温度进一步升高，这些复杂化合物的释放量也会增加。当燃烧的温度达到 290℃以上时，开始发生一些放热反应（即释放出热量的反应），从而会进一步提高木材的温度，这时木炭开始形成。这个过程被称为热解（即在无氧条件下加热、在高温条件下引起的有机物质的热化学分解的过程）。当温度达到 400℃至 450℃时，木炭实际上已经形成。但是在木炭的有机结构中仍然有相当数量的焦油，所以超过这个温度，更多的焦油会被排出，直到大约 500℃时，就能生产出优质的商品级木炭。木炭在 1000℃或更高的温度下会变得更加易碎，但仍然是一种固体材料。

那么，我们的木炭与其来源的材料相比如何呢？从外观上看，最明显的特征就是颜色从棕色变为黑色。炭化的木材，也就是现在的木炭，更脆一些，只需用很小的力量就能在手指间折断。这种容易破碎的特点就是当一块木炭划过纸张时会留下一条黑色条纹的原因，也是它会在你的手指上留下污迹的原因。并且，它之所以比原来的木材轻，是因为在炭化过程中失去了一部分质量，但其完整的细胞解剖特征依然存在。

32

在部分烧焦的木材上，还有一个特征也很明显：木材不仅会变黑，还会开裂。这些裂缝会在木材表面形成网格图案，随着木材继续收缩，厘米大小的炭块就会保留下来。这些可以在火灾后的任何残留物中看到（图 13）。它们是野火燃烧后形成的典型物质，可能也是化石炭的特征。

（a）

（b）

图 13　图 12 火灾后出现的：（a）部分烧焦的原木；（b）炭化的树枝和木块的细节。

从化学角度上讲，在加热过程中，构成木材的纤维素和木质素的氢和氧被消耗掉，所以木材细胞就富含碳元素了。随着温度升高，这些碳原子变得更加有序。其结果是，这种材料不仅可以作为吸附剂，而且可以抗腐蚀。因此，没有任何理由去怀疑木炭在化石中的高含量。木炭也是地质史上发生过火灾的证据。

对化石炭的认识

我在本科学习地质学期间，很少想到木炭。我非常兴奋地寻找“真正的化石”——海洋贝壳、鲨鱼牙齿等——以至于根本没注意到岩石中的那些黑色碎片。40 多年前，当我开始对化石炭感兴趣时，最让我惊讶的是，科学文献中关于木炭的记载是如此之少。

17 世纪，英国物理学家罗伯特·胡克（Robert Hooke）对木炭和木化石进行了许多卓有成效的观察。他认为木化石起源于最初被掩埋然后石化的木材，挑战了当时认为木化石是由石头形成的观点。胡克进行了炭化植物的实验，并在他的巨著《显微图谱》（*Micrographia*）中记录了他的观察结果。他证明了木炭是通过热作用形成的，而燃烧或火焰的产生需要空气的参与。[2] 但是胡克没有找到以化石形式存在的木炭。

化石炭的最早记录之一来自维多利亚时代伟大的地质学家查尔斯·莱尔（Charles Lyell）（图 14）的作品。在 1847 年

图 14　年轻时的查尔斯·莱尔。

发表的一篇论文中，他报道了在南威尔士和东弗吉尼亚的煤田中发现的木炭（图 15）。[3] 当时的木炭常被称为“矿物炭”，而其意义未被充分认识到。

34

如果化石木炭早在 19 世纪中叶就被发现了，那为什么其记录如此之少而且其意义不为人知呢？我们可以从“矿物炭”这个名字的渊源探究其原因。把“mineral charcoal”（矿物炭）译成法语和德语，就成了 fusit 或 fusain，玛丽·斯托普（Marie Stopes）把 fusain 这个词引入了英语。[4] 因此，随着“fusain”一词的广泛使用，它逐渐失去了与木炭的联系，所以

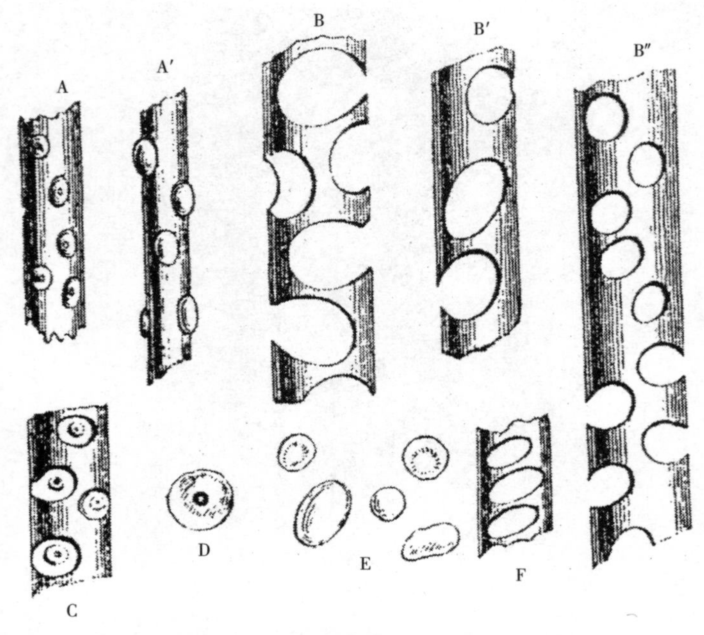

图 15　查尔斯·莱尔 1847 年创作的石炭纪（3.2 亿年前）木炭插图。
木材细胞（在木质部中负责传输水分的管胞）显示细胞壁上的点蚀已被保留了下来。

它的起源也越来越受到争议。

35　玛丽·斯托普（图 16）如今最为人所知的可能是她的计划生育工作和她写的书《婚后爱情》（*Married Love*），[5] 但她也是一位著名的科学家。斯托普写过一篇关于“煤球”（在煤层中发现的不寻常的圆形石头）起源的重要论文。煤是第一次世界大战期间的主要能源，所以毫不奇怪的是，作为著名生物学家，1916 年她应邀参加由科学与工业研究部主持、R.V. 惠勒

图 16　计划生育先驱者玛丽·斯托普也是一位科学家，她为植物化石和煤炭地质学的研究做出了重大贡献。

（R.V. Wheeler）领导的英国煤矿的实验研究。基于该研究的成果，斯托普和惠勒于 1918 年出版了一部重要专著《煤的构成》（*Constitution of Coal*）。斯托普后来还发表了她自己的观察结果，并建立了一个煤炭的命名体系。

36

玛丽·斯托普描述丝炭（fusain）反光效果好，有着丝绸般的光泽，其化学成分几乎是纯碳。[6] 到 20 世纪初，人们对丝炭代表什么越来越不确定，尽管一些科学家确实认为它是来自森林火灾时产生的木炭。

主要问题之一是发现煤炭中存在丝炭。煤炭形成于 3.6 亿至 3 亿年前的石炭纪（见附录国际地质年代表）。由于当时每年的每个月都有大量降雨，在潮湿条件下形成的泥炭因埋藏在地壳中要承受高温，因此发生了变质。到 19 世纪 80 年代，人们就已知道煤矿中普遍存在丝炭。但是木炭在现代泥炭中比在一些古代煤矿中要少得多，并且许多人认为不可能在湿地环境中起火。煤是化石泥炭，而我们知道泥炭只能在潮湿条件下形成。山火可能会蔓延到泥炭上，有时泥炭表面会变干。美国东南部的泥炭地就很好地印证了这个观点。

37

有些人则认为，以丝炭形式保存的精致的蕨类植物叶子，让丝炭形成于火的观点站不住脚，并非所有人都同意这个观点。20 世纪 50 年代，一个独特的声音来自汤姆·哈里斯（Tom Harris），他在 1958 年发表了一篇关于中生代森林火灾的论文，描述了大约 2 亿年前英格兰西南部和威尔士南部侏罗纪早期的化石炭。[7] 这篇论文是基于在这些沉积物中发现了以丝炭形式保存下来的针叶树树干和树叶写成的。

这场辩论一直持续到 20 世纪 60 年代。我读博士时期的导师比尔·查洛纳认识玛丽·斯托普。导师告诉我，玛丽·斯托普永远不会接受丝炭就是野火燃烧木材时形成的木炭这种观点。“丝炭”一词的使用以及越来越多的人开始怀疑丝炭是不是木炭，使得记录这种材料变得多余。

尽管哈里斯 1958 年的论文强调了丝炭的重要性，但它在很大程度上被人们忽视了。他以前的研究生肯·阿尔文（Ken Alvin）从怀特岛（Isle of Wight）的白垩纪威尔登（Cretaceous Wealden）岩石中发现了保存完好的炭化蕨类植物，距今约 1.3 亿年。他毫不怀疑它们是古代火灾的产物，哈里斯随后描述了来自英格兰南部的相同年代的炭化蕨类植物化石。[8] 你可以想象的是，随着越来越多的证据出现，丝炭和木炭将被视为相同的物质，也就是说，木炭来源于森林野火。然而，当我在 20 世纪 70 年代初开始自己的研究时，情况并非如此。一些有影响力的科学家，如美国古植物学家吉姆·绍普夫（Jim Schopf）坚持认为，丝炭不可能是来自古代森林野火燃烧木材时的木炭，并且保存如此完好的化石也不大可能来自一场“突发的大火”。一些研究人员试图了解丝炭是否可以通过另一种方式产生，比如泥炭表面的氧化作用。

38

很明显，当我开始在煤炭（彩图 9）和沉积物中发现丝炭时，我需要解决丝炭和木炭的等效性问题。为了说服怀疑者，我必须用各种各样的方法来比较这两种物质。我研究了丝炭的物理和化学特性，竟然不知道胡克早在 17 世纪 60 年代就做过同样的事情，于是我又做了一些自己设计的木炭实验。我在自己花园的篝火盆里烧炭，还用妈妈的烤箱把松树叶烤焦，然后就能在显微镜下把这些炭和我收集的丝炭进行比较。

显微镜下的木炭

罗伯特·胡克是第一个观察到木炭具有蜂窝状结构的人（图 17）。[9] 后来，查尔斯·莱尔在他对石炭纪矿物炭的观察中表明，木材碎片保留了解剖学特征（图 15）。[10] 但是直到 20

世纪后半叶，对化石炭的微观观察才取得突破。

这一突破的主要原因是电子扫描显微镜（SEM）的问世。它

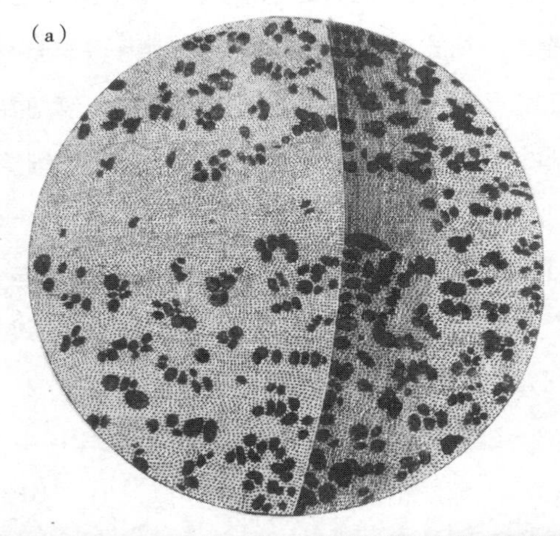

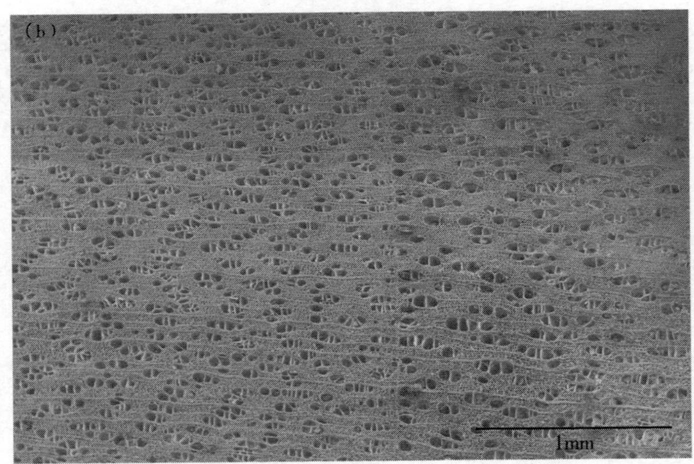

图 17　罗伯特·胡克在他的作品《显微图谱》中描绘的木炭。(a) 胡克画出的木炭；(b) 以相同的比例通过现代 SEM 获得的类似木材的影像。

通过将样品表面的电子撞击出来以获得物体的高倍放大率，这些电子被收集和分析而产生表面的三维图像。直到 20 世纪 60 年代，大多数高倍显微镜观察都是在载玻片上安装一个非常薄的抛光岩石条，光线通过它进行照射。这种“薄切片”对于木炭来说效果不好，因为其细胞壁又黑又脆。电子扫描显微镜不再需要标本切片，该技术很容易提供从 40 倍到数千倍的放大倍数，这足以看到木炭的相关细节。合成的三维图像通常非常清晰（黑白图 1）。在 1976 年发表的一篇展示这种新成像形式的早期论文中，作者展示了炭化过程中植物细胞壁的结构变化。[11] 木材细胞壁具有层状构造，在相邻细胞壁之间有一层由聚合物果胶构成的中心薄层（也称“中间薄层”）。在炭化过程中，这种分层消失，细胞壁变得均质化。很快，对古代木炭的电子扫描也获得了极佳的图像效果。[12]

电子扫描显微镜成像是我研究丝炭的理想工具，因为我可以详细比较它和现代木炭的三维结构。现在可以证明化石炭显示出的均质化的细胞壁和在现代木炭中看到的一样。然而，仍然有许多人不接受丝炭能代表化石炭，特别是因为在一些煤炭中出现了丝炭。

正如岩石是由矿物质组成的一样，玛丽·斯托普认为煤是由显微组分（macerals）组成的。她设计了煤显微组分的分类，现在被称为斯托普—海伦系统（The Stopes - Heerlen System）。“惰质组”（inertinite group）中的两种显微组分，称为燧石（fusinite）和半燧石（semi-fusinite），都存在于丝

41 炭中。用光线照射显微镜上的薄煤切片很困难，有人发明了一种将煤嵌入树脂并进行抛光的方法。然后使用反射光显微镜通过油来观察抛光块，能观察到燧石和半燧石的蜂窝状结构。这些细胞经常显示出破碎的细胞壁有角状断裂——这种特征被称为博根结构（bogen-structure）（图 18）。树脂技术还允许从抛光面测量定量数据，特别是其反射率（refiectance），即表面反射的光的比例。当以这种方式观察时，具有显微组分的 42 惰质组具有高反射率的特征。燧石和半燧石的区别主要在于他

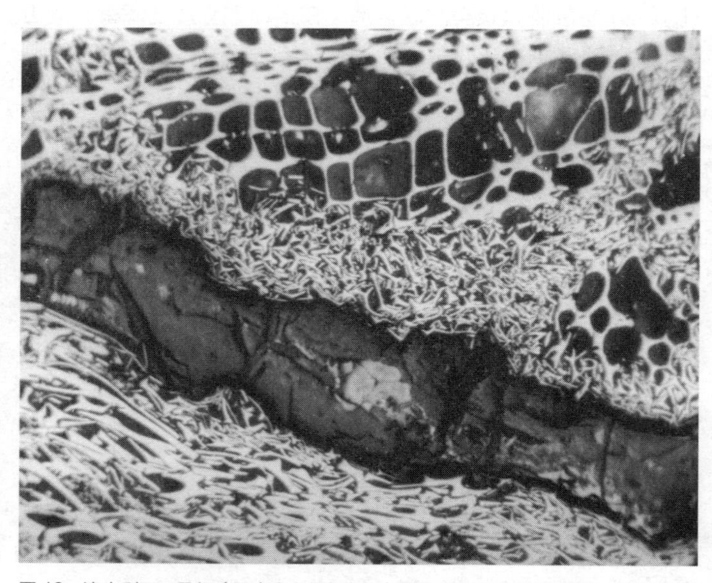

图 18　澳大利亚二叠纪（距今 2.9 亿年左右）煤层中的燧石（化石炭）显示出完整的细胞和具有“博根结构”的破碎细胞壁。深色物质是未焦化的煤化木材，称为镜质体（vitrinite）。

们的反射率值：也就是说，燧石的亮度越大，它的反射率越高。

沉积物中发现的丝炭与煤中的燧石和半燧石具有相似的特征。在沉积物中发现的丝炭具有很高的反射率；如果在煤中发现，它被称为燧石和半燧石。木炭也有很高的反射率，这一特征似乎是炭化过程的结果（而不是像以前认为的那样，丝炭是泥炭表面氧化的结果）。另一个有趣的事实来自木炭实验：实验发现木炭的反射率会随着炭化温度的升高而提高（图 19）。反射率的提高表明与木材细胞壁的中层融合有关（图 20），并且它们在更高的温度下会分解。相比而言，很明显，在被埋藏和蜕变成煤之前，在燧石和半燧石中观察到的博根结构和高反射率一定发生在炭化过程中。至此，现代木炭和丝炭的特征相同是清晰无误的，没有理由不称这种化石材料为木炭。

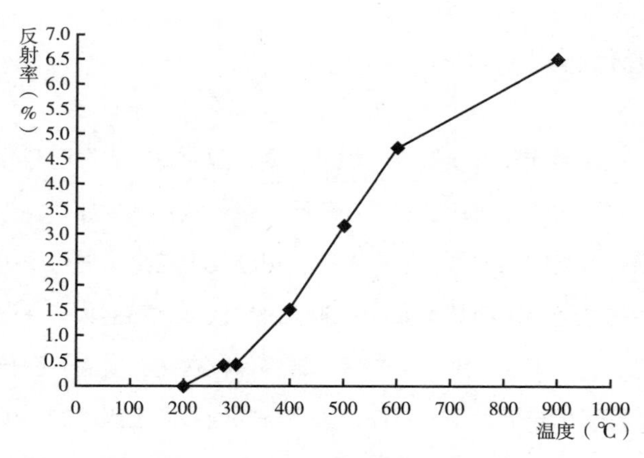

图 19　红杉木材炭化 1 小时后，其反射率随温度的升高而提高。

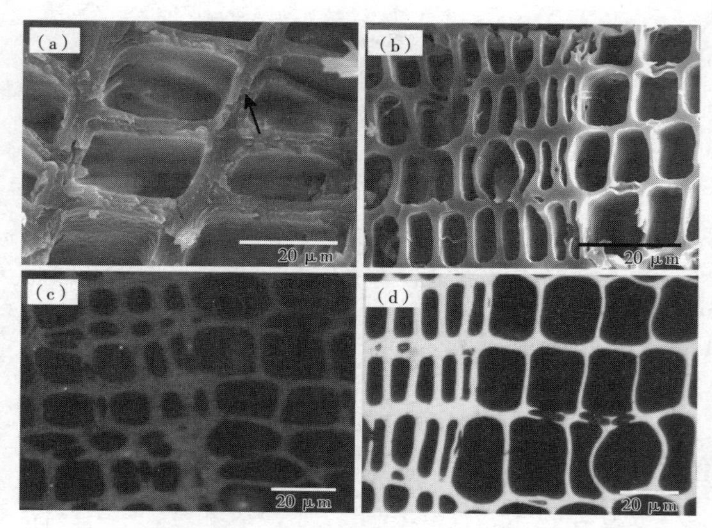

图20　在电子扫描显微镜（a, b）和反射显微镜（c, d）下观察，红杉木炭化温度为350℃（a, c）和450℃（b, d）。细胞壁在经受更高温度时发生均化［(a)图中的箭头表示融合的中间薄层］，并且其反射率会提高。

研究化石炭

确定丝炭和木炭的同一性很重要，因为研究人员已开始怀疑，木炭的惰性使它很容易在化石记录中被找到。此外，化石记录中木炭的出现告诉我们火的历史以及火在植物进化中可能扮演的角色。古植物学家——那些研究植物化石的人——已开始意识到，不仅个别植物的解剖结构保存在化石炭中，而且这些数据可以告诉我们一些在过去燃烧的植被以及当时的景观和气候状况。

植物的任何部分都能以炭化的形式保存。我自己的第一个发现是炭化树叶（黑白图 2），这是石炭纪的一种植物，是一种后来被命名为斯威林托尼亚（Swillingtonia）的针叶树，以发现它的约克郡利兹市附近的斯威灵顿采石场命名。[13] 这些针叶树的叶子保留了叶子上的气孔（stomata），植物通过这些气孔与大气交换气体。这些炭化的叶片气孔后来被用来测定 3 亿年前大气中的二氧化碳含量。[14] 气孔密度与大气中二氧化碳的浓度直接相关：简单地说，生长在低浓度二氧化碳中的植物比生长在高浓度二氧化碳中的植物有更多的气孔。斯威灵顿针叶树叶子有大量的气孔，表明当时处于低二氧化碳浓度的大气和凉爽的“冰室”环境。因此，我们不仅能从炭化的植物化石中了解到植被，还能从中了解到当时的大气成分和气候状况。

自 20 世纪 50 年代以来，各类研究人员一直在描绘焦化叶物质，但把让化石炭保存植物细节品质工作真正做到极致的是丹麦古植物学家艾尔斯 - 玛丽 · 弗里斯（Else-Marie Friis）和她的同事们。他们描述了一种来自 7000 多万年前岩石的炭化化石花。[15] 艾尔斯 - 玛丽带着材料去了伦敦，比尔 · 查洛纳和我对这些花的保存水平感到非常惊讶。我们大多数人难以想到像花朵这样娇嫩的东西竟然可以像由野火产生的木炭一样保存下来。后来，我能够证明，在帚石楠荒地现代火灾的残留物中保存着大量的炭化花。[16]

如果我们想了解炭在化石中产生的作用，那么理解炭的演变过程就十分重要。人们对木炭在空气中的特性了解得很多，然而当我在 20 世纪 70 年代中期开始在都柏林三一学院进行博士后研究时，奇怪的是，关于水中木炭的特性方面的信息却很少。解决这个难题的机会来了：我们带着一些学生进行了一次实地考察，前往南多尼戈尔海岸（South Donegal Cast）观察了那里的石炭纪早期岩石。我们在沙威湾驻扎下来，观察海平面在 3.4 亿年前上升时留下的遗迹，这片土地变成了一片温暖的热带海洋，海里还长出了珊瑚。但让我印象深刻的是，该区域的第一块海相岩石呈深黑色（图 21）。仔细观察后发现，这些产生典型海洋化石的岩石含有大量的炭。我立即收集了一些样品带回实验室，并在实验室用酸溶解出岩石中的炭，还在电子扫描显微镜下进行了检查。这些样品是多么美妙的遗

图 21 爱尔兰多尼戈尔沙威湾的石炭纪早期（3.25 亿年前）的岩石。它呈黑色，富含炭的沉积物，覆盖在沉积于海中的潮汐砂岩上。

存啊！甚至细胞壁增厚的细节都可以看到（黑白图 3）。火灾只会发生在陆地上，那么木炭是如何被搬运到海里并沉积在近海岸的沙滩上的呢？

我的一组学生和同事被派往多尼戈尔调查这个问题，他们的发现使我们需要进一步探索。他们绘制了含炭岩层的地图，表明它分布广泛，而且是一个独立的单元，意味着河口内的潮汐沙洲被从北部高地流出的河水冲下来的大量沉积物和炭所淹没。所以可以肯定，这个地区曾覆盖着被森林野火烧毁的大量植物。火后侵蚀使沉积物和木炭发生了移动，与发生在现代的海曼大火的情形几乎一样。这些东西进入河流，最终汇入温暖的石炭纪海洋。这些木炭似乎是一场森林野火的产物，而且受其影响的范围非常大——甚至比今天荷兰和卢森堡加在一起的总面积还要大（图 22）。[17]

木炭到底漂移了多远？事实证明，这个问题看似简单，但真正回答起来很难。我们需要了解木炭沉入水中需要多长时间，木炭在炭化过程中尺寸会发生什么样的变化，不同温度下细胞壁结构的变化会怎样影响其漂浮或下沉。唯一的研究方法是在波浪槽中用烧焦的木头做实验。我们发现尽管低温下形成的木炭会像枯木一样下沉，但在 325℃左右的环境下形成的木炭的细胞壁更均匀，可以漂浮更长时间。在 600℃的高温时，细胞壁开始破裂，产生的木炭下沉得更快。因此，木炭在水中悬浮的时间比想象的要长得多，而且移动的距离比人们想象的更远。许多人认为大面积木炭代表着火灾就发生在当地，但现在看来，

46
47

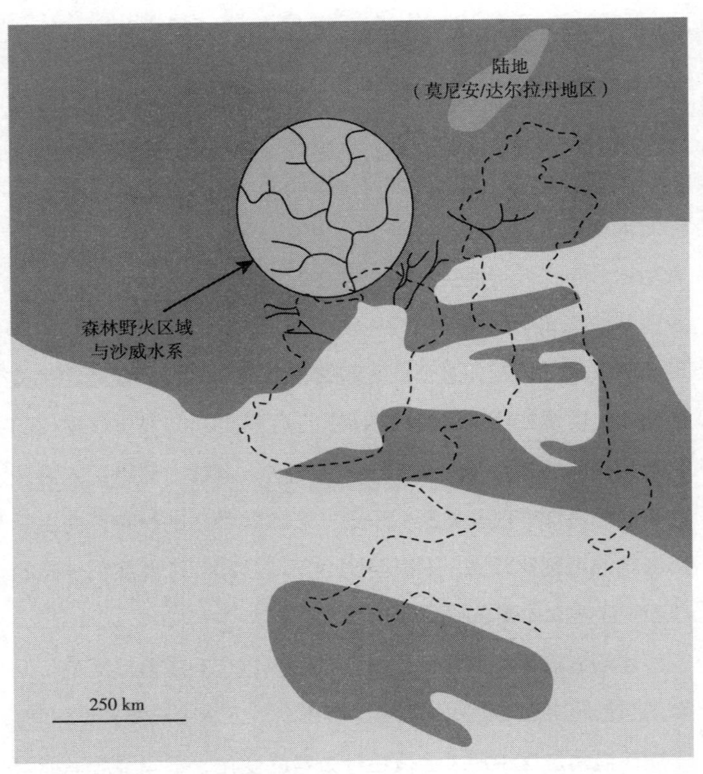

图 22　重构 3.25 亿年前的英伦诸岛：图中显示大火和排水区域的范围，深色区域是陆地。

火灾可能发生自遥远的地方。

大约在此时，另一场火灾的爆发让我们对火及其产物萌生了新的认识。1995 年 5 月，一场火灾在英格兰萨里郡的弗瑞莎姆自然保护区发生，该地离我家很近。事实上，透过窗户我就能看到外面的烟雾。于是我给同事打电话，当我们到达现场时，火势已经得到控制。当我们走过烧焦的地方时，火灾余温竟然融化了我们雨靴的靴底！我们在大火扑灭后第一时间到达了现场，有足够的时间做好工作：我们能够在木炭被风或水流移走之前收集它；我们也能够观察木炭在接下来的三年里是如何被大风和水流移走的；我们还可以去辨识被烧焦的植物和植物机体结构，并将其与火灾前存在的植被进行比较。

这场火灾后，我们惊喜地发现，火灾后留下的炭不仅仅是木炭，还包括所有的植物有机成分，甚至是小帚石楠花。几天后，大风吹起更细的炭屑，在裸露的地表形成一圈圈木炭波纹，这些木炭就含有大量的炭化花（图 23），它可以解释化石记录中发现的一些集中的炭化花现象。

随后的暴雨开始将木炭冲刷到坑洼处，然后漂移到溪流中，使木炭逐渐聚集起来。这表明我们可以观察到大小不同的植物和不同的植物有机成分在水中移动的过程。为此，我们购买了一个标准尺寸的窑炉，开始用不同的植物和植物有机成分在不同的温度下制作木炭，并在水槽的流水中测试它们，实验时我们可以改变水槽中水的流速。我们可以观察木炭是如何融入水箱底部的沉积物中的，我们发现不同的植物有机成分、不同大小的木炭以及在不同温度下形成的木炭的情况都是各不相同的。因此，木炭不仅可以在水中移动很长一段距离，而且在移动过程中，不同类型的木炭会被分离开来。这就解释了为什么一些化石沉积物中只含有特定大小的木炭碎片，而另一些化石沉积物中只有小的炭化植物有机成分，如花或叶子。

50

图 23 （a）1995 年英格兰萨里郡弗瑞莎姆地表大火后产生的木炭，后来被风吹成波纹状；（b）在电子扫描显微镜下这些波纹显示出焦化帚石楠花。

火灾的温度

我们曾经用测量反射率来证明木炭和丝炭的真正身份——以确认它们是否确实是化石炭。随着研究的深入，反射率技术的运用变得越来越广泛。特别是木炭的反射率可以提供森林野火所能达到的温度信息。例如，我们能够从合成木炭的反射率测量结果中得出，1995 年的弗瑞莎姆大火只烧到 400℃至 450℃的温度。[18]

目前为止，我们在实验中只使用了木材，但是在炭化过程中，其他植物材料的反射率也会改变吗？蕨类植物不含木质成分，但人们发现它们常常以炭的形式存在。我们的实验表明，在炭化过程中，蕨类植物的反射率变化与针叶树和花卉植物的木质成分的反射率变化相同。我们还注意到，蕨类植物的解剖特征在炭化过程中被保留了下来，在木炭中很容易被辨认出来。那么真菌等非植物物质呢？曾有人声称真菌具有天然的高反射率，但这并没有得到证实。牛耳菌通常依附树木生长，尤其是枯树和垂死的树木，因此观察这类物质可能会有所帮助。从化学角度上讲，真菌是由植物几丁质构成的，而不是像树木那样由纤维素或木质素构成。我们发现牛耳菌和其他真菌物质都没有固有的反射率，就像其他植物一样，由它们形成的木炭的反射率随着温度的升高而提高。因此，无论植物来源如何，植物和真菌材料在炭化过程中的反射率都会随着温度升高而提高，

51

并且这一切可以用来帮助测定野火的温度。

我们已经知道，在额定时间下，反射率随温度的升高而上升（图 19）。大多数实验在最高温度下维持的时间不超过一个小时，因为对野火的研究表明，植物通常不会经历超过一个小时的高温，而且通常会比一个小时少得多。我们通过实验得出的木炭反射率数据显示，在开始加热的 4 小时里反射率持续上升，但在那之后就开始显著平稳（图 24）。因此，反射率数据可以提供最低的底层温度，即使是在炭化时间未知的野火中也是如此。例如，如果木炭的反射率值很高，它就不可能是在低温下炭化的，如低于 300℃，无论植物物质在该温度下暴露多长时间都无济于事。顺便提一下，同样的技术应用于火山碎屑流的沉积炭，这种沉积物会在高温下保持很长时间。该技术提

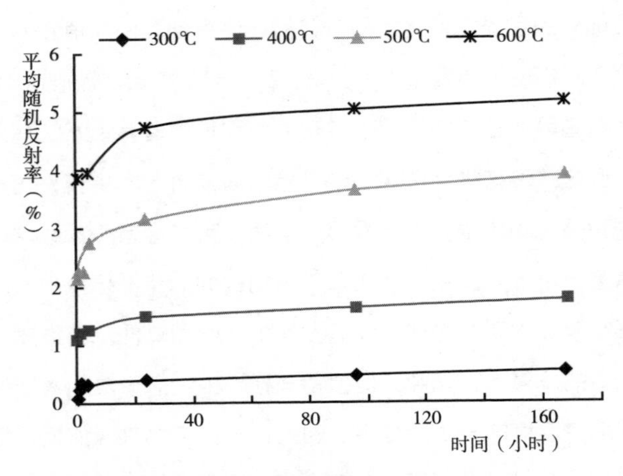

图 24　实验中炭化红杉木的反射率随温度和时间的增加而提高。

供了一种计算这种碎屑流能达到的温度的方法——这已被证明对火山学家非常有用。

了解过去的新工具

长时间以来，科学家们不得不破坏标本——将它们切成薄片——以便在显微镜下观察。今天，我们有了 X 射线技术，例如 CT 扫描和 X 射线断层摄影，通过这些技术，我们可以在不用切割的情况下探索样本的内部。X 射线可以从粒子加速器中获得。瑞士光源是世界领先的同步加速器之一。电子在圆管中加速，光束的弯曲导致纯单波长 X 射线的发射。这些 X 射线可以被聚焦并可以在旋转的标本上产生一系列图像。然后，使用复杂的计算机软件将图像堆叠起来，以构建可以从任何角度查看的样本三维图像（黑白图 4）。所有这些都可以在不损坏标本的情况下完成——这在处理易损而稀有的化石材料时非常有用。

我们用这种技术研究了一些来自苏格兰南部石炭纪早期最古老的炭化材料，包括一些雄蕊花药 * 和一个只有 1.5 毫米长的胚珠。电子扫描显微镜可用于检查标本的表面，显示胚胎有保存十分完好的腺毛。[19] 但我们还想调查任何可能被保存下来的内部解剖结构。同步辐射 X 射线断层显微术（SRXTM）使我

---

* 雄蕊产生花粉的部位。——译者注

们能够在不破坏胚珠的情况下看到它的内部结构。我们能够重建胚珠，挑选出不同颜色的内外表面和腺毛，旋转标本，并剥离图像中的不同层次（黑白图 5）。因此，像这样的现代成像技术对古生物学家来说是一大福音。

自 1665 年罗伯特 · 胡克时代以来，其实我们已经走过了漫长的道路。然而，化石炭的完美保存尚未得到人们的广泛认可。

3

火源

点火需要什么条件？火背后的因素可以用三角图形来展示，我们定义了五个空间和时间尺度不同的火的三角形（图 25）。让我们从最基本、最小尺度的三角形“火之基本面三角形”开始说起，它有三个要素：第一是燃料，因为火需要物质才能燃烧；第二是热量，因为没有热源火就无法开始燃烧；第三是氧气，它是火保持燃烧和蔓延的必要条件。当我们灭火时，氧气的重要性是显而易见的。使用沙子或二氧化碳，甚至封闭灭火的方式，都是排除空气的方法，更具体地说，是从燃烧中去除氧气以阻止燃烧反应。水对灭火有两个作用：首先它减少了参与燃烧的氧气量，但更重要的是，火中的热能要用于蒸发水，而不是加热燃料使燃烧反应继续进行。

我们的第二个三角形可以称为“火之环境三角形”。燃料

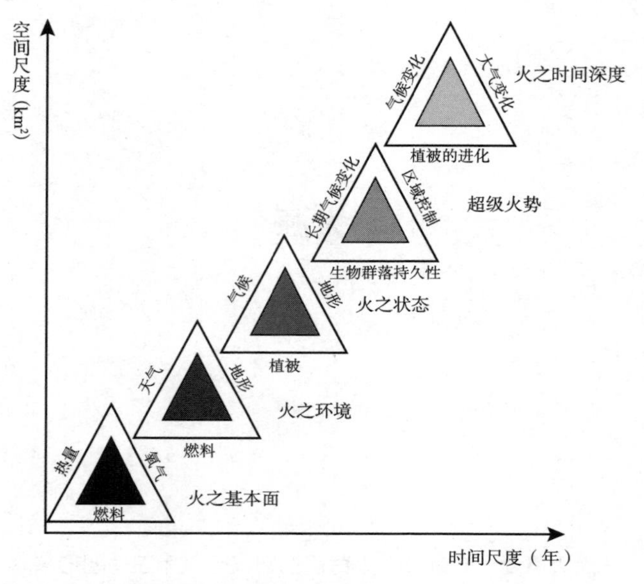

图 25　火之三角形：从局部到全局，穿越时光。

是其中一个要素；另一个要素则是天气，因为天气控制着燃料中的水分，影响它的可燃性。燃料越干，越容易燃烧。也许令人惊讶的是，这个三角形的第三个要素是地形，它影响着火势蔓延的速度和模式。例如，山的坡度可以提供上升气流，让火势更快蔓延。

56

下一个三角形不仅在空间尺度上，而且在时间尺度上拓宽了我们的视野。这个三角形可称为“火之状态三角形”。这里我们考虑的不仅仅是燃料，还有正在燃烧的植被类型。有些种类的植物比其他种类的植物更易燃。在这个更大的范围内，整体的气候也很重要。例如，温带季风性气候比潮湿的热带气候更容易着火，因为热带气候地区每天都会降雨。这个三角形的第三个要素是地形，比如山区就比低洼平坦地区更容易着火。

火的第四个三角形是最近才被提出的。它就是“超级火势三角形”。在这里，时间同样发挥了作用。第一个要素是生物群落持久性，也就是说，特定范围内的不同种类的植被可以持续多长时间。第二个要素是长期气候变化。例如，我们知道，在几千年这么漫长的时间维度上，气候是可能变化的。气候变化发生的原因，以及变化的范围和持续时间，都可能会对火灾产生影响。这个三角形的第三个要素包含一系列局部因素，如地貌的变化等。

最后一个三角形是我首先提出来的。“火之时间深度三角形”关注数百万年地质时间维度的影响。第一个要素是植被的进化，即植物的大小、构成方式和生存策略是如何随着时间的推移而变化的，以及这会如何影响火的特性。第二个要素是气候变化。在地质时间维度上，地球经历了许多深刻的气候变化，从温室到冰室世界，每个气候形态都有着各自的影响。最后一个要素把我们带回到第一个三角形，即大气变化，特别是随着时间的变化大气中氧气的变化。在过去的 10~20 年里，这一要素对我们的理解变得越来越重要。

如果我们想了解远古时期的火的历史，就需要考虑地质时间维度上的燃料、热量和氧气这些基本因素，即植被、火源和大气中的氧气水平。

燃料的演变

没有燃料，就不会有火的燃烧。所以，植物在陆地上进化之前就不会有野火。4.5 亿多年前，地面上可能有一些苔藓或藻类，我们发现的最早存在的植物——陆生维管植物（vascular land plants）出现在大约 4.2 亿年前的志留纪，这些植物具有通过木质部运输水分和养分的能力。这些植物是我们今天所熟悉的大多数植物的起源。

58

最初的植物是能产生孢子的小型草本植物。它们只有几厘米高且生活在水边的小块地方，它们的数量还不足以构成大量的燃料来维持野火。在接下来的 5000 万年里，进入泥盆纪，植物继续变得多样化，有些植物变得更大，因此可以提供更多潜在燃料供燃烧。但是它们最高只能长到 1 米，并且是通过孢子进行繁殖，因此只能分布在更潮湿的环境中。

大约在 3.7 亿年前的泥盆纪后期，植物的进化经历了两个重大发展。第一个是茎围增加，茎围增加能够提升其株高，即树质或树木习性的进化。这涉及两个根本性的变化。在此之前，所有植物都只能初级生长；也就是说，它们只能通过其顶端嫩芽的细胞分裂来生长。植物的茎不能随着枝条的长高而变粗，所以早期植物的高度会受到限制。例如，杂草和蕨类植物就进化出了这样的生长习惯。植物茎的二次生长解决了它们长不高的问题，所以茎围增加使植物可以不断长高。

在植物界中，这项技能被证明是非常有用的。树质的进化不仅包括二次生长的能力，还包括细胞增强的能力，而细胞主要由纤维素组成。这涉及木质素的发展，正如我们前面讲到的，木质素是一种带有碳环的复杂聚合物。木质化的细胞要强壮得多，这就提供了让树木长高的条件。我们都知道树木的发育是次生木质部组织的生长，其细胞壁由大约 70% 的纤维素和 30% 的木质素组成。这种坚硬的材质也比那些由简单纤维素构成细胞壁的植物更耐腐。因此，木本植物的增多意味着枯死的植物在地面积累燃料的潜力越来越大。

59

到泥盆纪晚期，在一些植物群落中出现了第二个大的发展。在那之前，所有的植物都是依靠孢子繁殖。维管植物的地上部分被称为孢子体，现代还拥有这种孢子体的植物类型之一是蕨类植物，通常可以在这种植物的底面看到成簇的孢子。孢子形成四元组或四联球菌，每个单一孢子有一半的染色体 [它是单倍体（haploid）]。在某个阶段，孢子被释放出来，落到潮湿的土壤表面。在这里，它们发育成植物的下一代——配子体，这是一个几乎看不见的阶段，因为它生长在土壤中，并拥有了雄性和雌性器官。雄性器官将精子释放到土壤中，精子通过游移可以使另一个配子体上的雌性器官受精。这就产生了另一代具有全部染色体的植物 [它是二倍体（diploid）]，并生长在土壤表面之上。这种类型的繁殖需要潮湿的土壤，所以植物被限于更潮湿的环境中。一些植物进化出了一种克服环境限制的方法，从母体的地面或地下部分通过无性繁殖来繁衍。这可能意味着表面上看起来有许多株植物而实际上在地下却是一株植物。此外，植物的每个地下部分都可能繁衍出新的植株。虽然无性繁殖减少了基因的混合，但在灾难性的物理攻击事件中它为植物提供了生存优势。此外，它使植物在潮湿的环境之外进行繁衍成为可能。

大约 3.7 亿年前的泥盆纪晚期，一些植物进化出了另一种繁殖策略，这就是种子习性策略。在这种策略中，孢子体植物会产生两种配子体。雌配子体产生卵子，并被母体植物保留在胚珠中。雄配子体类似于孢子，但现在被称为花粉粒，会产生雄性器官和精子。花粉传播到胚珠那里，早期植物主要通过风媒，但后来也通过昆虫，花粉管不断生长并穿透胚珠，使卵子得以受精。受精的胚珠变成种子，种子在被撒在地上之前会从植物母体那里获得一些食物储备。这种策略最终使植物不再需要潮湿的环境，并允许它们扩散到更干燥的环境中。这时，火就有了火源。

当火成为一个重要的环境因素时，为植物提供保护的特性就会进化出来。我们已经看到，在高度受干扰的环境中，无性繁殖对植物是有用的。一些植物进化出厚厚的皮也可能是一种生存优势。据称，木质化细胞壁的发展不仅能减缓衰变和积累燃料，而且在提供一些防火保护方面也发挥了重要作用。[1] 保护植物形成层或活性层的木质树皮的进化发生在 3.5 亿至 3 亿年前的石炭纪，可能这是一项关键的进化创新。[2]

石炭纪时期，植物多样性有了很大发展，因为所有这些创新帮助植物扩散到越来越多的生态区位。我们今天拥有的煤的主要来源是石松属树种（图 26）。但是一些植物类型，如蕨类植物、种子蕨类植物和木本种子树，或者裸子植物（gymnosperms），如已经灭绝的科达树（Cordaites），以及针叶树和孢子树，如芦木（Calamites）（如今只存在于小型草本马尾植物中），均在石炭纪发生了变化。具有新的生长策略的植物如藤本植物的进化可能为火灾提供了梯形燃料，使火能够从地面蹿升至树冠。[3]

61

在南半球，进化出了带有大片匙形叶的种子树，其被称为舌蕨（Glossopteris），这在冈瓦纳南部超大陆的二叠纪时期尤为重要（图 27）。最近的研究表明，这些植物也进化出了一种耐火树皮。显然，这种多样化肯定对防火系统产生了影响。在我自己的研究中，能够证明生长在河岸和洪泛区的植物与生

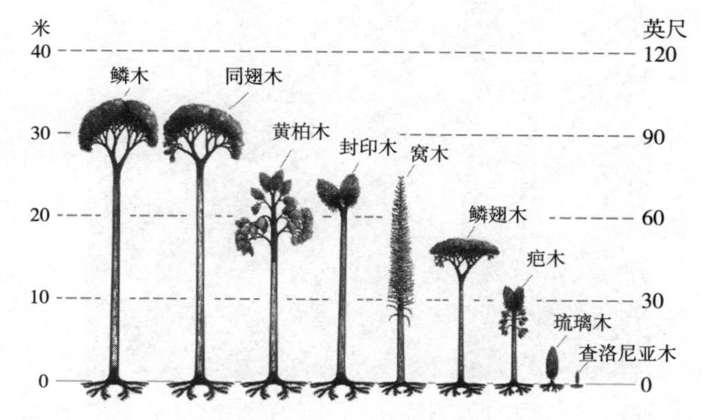

图 26　石炭纪的一系列石松属树木，是那个时期主要的泥炭（煤）的来源。查洛尼亚木（Chaloneria）是以英国古植物学家比尔·查洛纳的名字命名的。

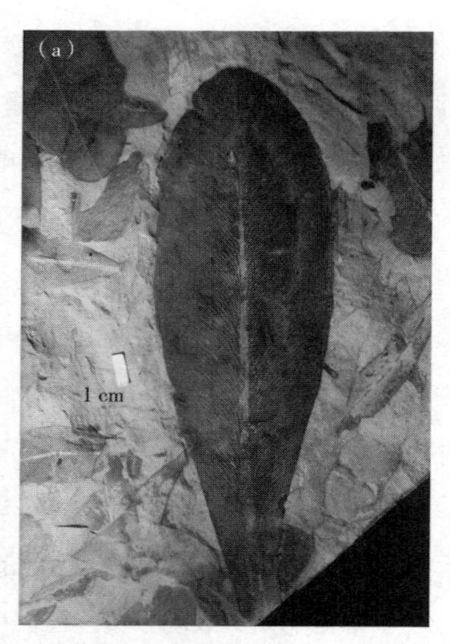

图 27 （a）澳大利亚二叠纪（2.9 亿年前）的舌蕨化石；（b）用蕨类植物和马尾草重建的舌蕨林。

长在泥炭沼泽（沼泽地和泥沼地）中的植物是不同的。这些观点已被几位美国研究者进一步拓展。每种类型的植物都可能拥有不同的火势属性。

大约 2.5 亿年前的二叠纪晚期，地球上的生物经历了一场重大危机。正如古生物学家迈克·本顿（Mike Benton）所说，“当时生物濒临消亡”。[4] 这种大规模灭绝的原因很复杂，但与一段时间的全球显著变暖和西伯利亚的大规模火山爆发将二氧化碳和其他有害气体排入大气紧密相关。大气和气候的变化导致许多植物种群灭绝，包括许多石松属植物、芦木属植物、科达属植物、蕨类植物和舌翅目植物。在随后的三叠纪早期，陆地上的生命面临着严峻考验。然而，一些植物的灭绝却给另一些植物带来生存的机会。在 2.5 亿至 1.4 亿年前的三叠纪和侏罗纪时期，全球大多数栖息地上的种子植物都出现了重大变化。逐渐在植物区系中占主导地位的植物群落包括针叶树、苏铁植物、一个已灭绝的被称为 Bennettitales 的种群和银杏（Ginkgo）——这是从如今的单一物种银杏（Ginkgo biloba）或白果树中得知的（图 28）。许多叶子的大小和形状都发生了进化，这可能对火的传播有一定影响。

63

从 1.4 亿年前的白垩纪开始，植被主要是由大片的针叶树组成，但全球物种各不相同。地势较低的地区也有蕨类植物，还有苏铁植物和 Bennettitales。但是，陆地上的植被在 1.4 亿年到 6600 万年前的整个白垩纪期间发生了重大变化：出现了开花植物或被子植物（angiosperm）。

64

图 28 （a）活银杏和（b）从侏罗纪时期幸存下来的苏铁类植物（2 亿至 1.45 亿年前）。

地球在大约 6600 万年前经历了另一次大规模灭绝，在过去被称为白垩纪 – 第三纪（K/T）交界，现在更恰当的说法是白垩纪 – 古近纪（K/P）交界，开花植物正好在那时出现。在以上两个地质时代交替之际，地球上许多地方都出现了厚厚的铱层，这认为是由小行星撞击墨西哥尤卡坦半岛造成的，因此当时的植被发生了巨大的变化。灾难发生后，蕨类植物马上就在植被中占据了主导地位。但是植物种类很快又变得多样化了；虽然有些物种灭绝了，但植被的整体外观非常相似。植被的大规模灭绝对脊椎动物和昆虫群落产生了巨大的影响，其中恐龙就是最著名的牺牲者。但是植物的逆转翻盘并不像人们曾经认为得那么快。[5]

在接下来的 6500 万年里，现代植物群开始出现。5600 万至 3400 万年前的始新世是植物群现代化的关键时期。正是在这个时候，热带雨林出现了，而且遍布赤道。

植物界下一个最重要的革新是草本植物的进化。我们现在知道它们是从大约 3000 万年前的渐新世开始进化和发展的。草本植物可产生大量的燃料。然而，大约在 700 万年前，一些草本植物进化出另一种利用新生物地理化学途径进行光合作用的方法，这种途径被称为 C4，能使草本植物在更干燥的环境中生存并茁壮成长，形成大片草地。非洲大草原就是在这个时候进化出来的。直到那时，一个完整的、真正现代的林草植物体系才在这个星球上进化成功。

引火

65

我们的火之基本面三角形的第二个要素涉及热源，也就是引火方式。我们认为引火有三个自然原因，而人类引发的火只在 100 万年前左右才出现。当许多人想到化石记录中的火时，自然而然会想到火山。毕竟，有像“火环”这样的术语被用来描绘太平洋周围的火山。但是，活跃的火山活动只能在特定的时间和地点引发植被火灾。这种以火山为源头引发的火灾在世界各地的发生远远超过了其他火源引发的火灾。火的第二个来源是来自岩石坠落时相互碰撞所产生的火花。尽管这样的情况确实会发生，但它们不如火山活动那么常见。

66

到目前为止，自然界中的野火最常见、最普遍的起因是雷电。有一种观点认为闪电是由雷暴引起的，因此有闪电就会下雨。但是许多类型的闪电都是在无雨的情况下发生的。两种最常见的形式是云对云闪电和云对地闪电（图 29）。显然，发生在海上的闪电与我们所探讨的主题没有什么关联——我们主要关心的是云对地闪电。随着卫星的出现，我们可以每天监测到世界范围内发生的闪电。令人惊讶的是地球上闪电发生的数量——据估计每天大约有 800 万次。所以，闪电引发的野火比人类引发的要多得多。即使在有人为引起火灾的地方，雷电也可能引发额外的火灾。关键是要有足够多的干燥燃料，因为在这种情况下，无论起火原因是什么，火都可能蔓延。让我惊讶的是 1988 年美国黄石国家公园的系列大火灾。我一直认为这些火灾是由人类活动引起的——比如，营火或烧烤的火失去了控制。事实上，人类只引发了其中的 9 起火灾，而另外的 42 起火灾是由雷电引起的。[6]

图 29　雷电是自然野火产生的主要起因。

然而，我们如何利用岩石记录来确定久远的地质年代的火灾原因呢？这是一个特别难回答的问题。显然，在人类出现之前，没有人为引发的火灾。这意味着超过4亿年的野火都是由自然原因引发的。火山活动在岩石记录中留下了证据，所以如果在特定的区域或地质时期没有火山活动，我们可以排除它是其中一个原因。那闪电呢？虽然我们无法观察到过去的闪电，但有时我们可以看到雷击造成的影响。闪电所到之处会产生极高的温度，如果击中沙子，温度高到足以熔化沙粒，在土壤或岩石表面可以发现熔化的呈长条状的沙子。有几个化石遗址记录了闻名于世的闪电熔岩（fulgurites）。在不列颠群岛，最著名的一次雷击被记录在二叠纪岩石中，它记录了2.6亿年前发生在苏格兰的阿伦岛的一次雷击。[7]

氧气

火之基本面三角形的第三个要素是氧气。燃烧是与氧气发生的反应，所以在大气中有氧气之前不可能有火。我们知道早期地球上没有游离氧。氧气从大约23亿年前开始在大气中慢慢积累［这被称为大氧化事件（Great Oxidation Event）］，随着蓝藻菌的进化和累积，蓝藻菌已经进化出可以进行光合作用的能力，氧气作为副产品被释放出来。那么，氧气浓度上升到什么水平会导致火的产生和蔓延呢？我们可能还会问，大气中的氧气何时上升到目前的占21%大气的浓度呢？如果含氧量增加到现代大气的浓度水平以上又会发生什么呢？

为什么含氧量的浓度水平比今天高会成为问题？有两个简单的实验可以证明这一点。第一个实验是典型的壁炉火。如果用风箱将氧气引入阴烧的火中，火就会燃烧起来，有时还会非常猛烈。这个实验还只是加入正常浓度的氧气而已。比尔·查洛纳向我展示了一个有趣而富有戏剧性的实验，我一直在自己的演讲中做这个实验，直到“健康和安全”措施使这个实验无法进行。我们在一个试管里装满纯氧，并盖上试管盖。然后我们点燃一支香烟，让它慢慢燃烧。当揭开盖子并把点燃的香烟丢进试管时，香烟竟然在火焰中爆炸了！这个戏剧性的实验证明了一个重要观点：如果大气在任何时候都富含氧气，那么世界上必然会有更多火灾，而且可能会比今天的火灾更炽热、更壮观。

当氧的地质记录不能被直接测量，并且我们也不知道它是否有替代物时，如何对其进行调查？这与其他特别有趣的气体的情况不同，比如二氧化碳。

从 20 世纪 70 年代开始，地质学家们就曾试图开发地球化学模型来计算长时间内大气的构成成分。耶鲁大学的地质学家罗伯特·伯纳（Robert Berner）提出了可能是被最广泛引用的模型。在 20 世纪 80 年代末，罗伯特的第一个突破出自他与他的博士生唐·坎菲尔德（Don Canfield）共同完成的一篇论文。唐·坎菲尔德后来成为海洋氧合方面的领军专家。[8] 罗伯特模拟出了大气中的二氧化碳和氧气随时间的历史变化。[9] 然而，人们对过去 5 亿年的情况都很感兴趣，因为在此期间陆地上的生物发展得十分迅速。通过将二氧化碳注入和排出大气的方式，这些模型描述了长期的碳循环，即系统中碳的输入与输出。其中一个关键是植物光合作用的发展，基本上是通过利用叶绿体形式的微生物来实现的。在光合作用中，二氧化碳、水和太阳能被用来产生碳水化合物，同时释放出氧气。生物体死亡时，碳水化合物的衰变再次产生二氧化碳，氧气也被耗尽——这就是逆反应。这可以用可逆化学方程式来表示：

$$CO_2+H_2O \leftrightarrow CH_2O+O_2$$

但是如果碳被掩埋，那么逆反应就不会发生，所以最终结果就是氧气在大气中不断积累。

69

罗伯特需要考虑碳随时间的变化而不断变化。虽然计算很复杂，但足以说明罗伯特能够绘制出大气中氧气随时间变化的曲线图。由此绘制成的曲线图很快被许多研究人员采用，但它只是一个基于各种计算和假设的模型。罗伯特曾经告诉我，这幅曲线图一发表，就需要重新思考和重新计算了，他在后来的论文中还制作了一幅非常不同的曲线图（图 30）。[10]

事实证明，他的大气中含氧量的曲线图有几个特征令人倍感振奋，但也是有争议的。他的早期曲线图表明，氧气含量一直保持在 15% 以下，从大约 4.2 亿年前才开始上升。正如人们所料，这是因为它涵盖了能进行光合作用的陆地植物最初的进化并在整个环境中传播的时间。然后，他计算出氧气浓度在

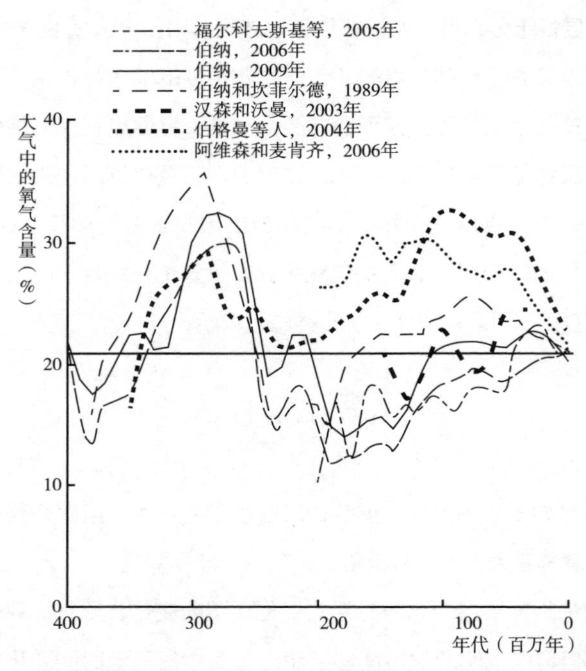

图 30 大气中的氧气含量模型显示了计算模型的多样性。目前大气中的含氧量是 21%。

泥盆纪早期上升到现代水平，在泥盆纪中期有所下降，然后在泥盆纪晚期和石炭纪又继续上升，在二叠纪达到大约 30% 的峰值，接下来又逐渐回落。氧气浓度似乎是在二叠纪晚期下降的，这与当时生物大规模灭绝事件有关，之后仅在过去几百万年内再次上升到现代的水平。特别令人振奋的是，在石炭纪和二叠纪时期，大气中的氧气浓度很高，远远高于现代水平。氧气浓度比今天高得多的可能性得到当时进化出了巨型节肢动物这一事实的支持，特别是石炭纪晚期出现了 2 米长的节肢动物（图 31）以及翼展达数十厘米的巨大蜻蜓状昆虫。有人认为，这种巨型节胸属动物只有在大气含氧量高的情况下才能生存，因为这些动物会利用它们“皮肤”上的洞来帮助扩散氧气，更高浓度的氧气使这种扩散更有效，所以这些动物能够更高效地发挥功能，从而体型更大。

罗伯特·伯纳并不是唯一模拟大气中氧气浓度的地球化学家。东安格利亚大学的蒂姆·伦顿（Tim Lenton）、安迪·沃森（Andy Watson）和他们的同事诺安·伯格曼（Noan Bergman）采用了一种非常不同的模型。尽管他们在石炭纪和

图 31　艺术家重构的 2 米长的节胸属动物，其生存环境是有燃烧现象的石炭纪森林中的灌木丛。这时的大气含氧量被认为已经超过了现代水平。

二叠纪也发现了高含氧量，但他们的分析也显示了大约 1 亿年前白垩纪的高含氧量。最近的研究表明，大气中氧含量的这些变化也可能对气候产生过影响。[11] 野火是如何受到大气中氧气浓度变化的影响的？历史上，野火是否真的在调节大气中氧浓度的过程中发挥了作用？

我们知道，化石记录中的木炭是野火发生的证据，木炭可以为大气含氧量提供一个基线——但它到底是什么？我们能确定更高的大气含氧量的影响吗？这需要详细的实验来证明。

雷丁大学（University of Reading）的安迪·沃森在詹姆斯·洛夫洛克（James Lovelock）的指导下进行了第一次重大实验，后者现在以盖亚假说而闻名。在这些实验中，安迪研究了各种材料在不同氧气含量的大气中的燃烧情况，观察了着火的概率和火焰蔓延的速度。[12] 除了改变大气的含氧量之外，他还尝试改变被燃烧物质的水分含量。安迪得出结论，植物不会在氧气浓度低于 16% 的大气中燃烧；在氧气浓度为 18% 的大气中火就会被扑灭；随着氧气含量提高到 21% 以上，甚至更潮湿的植物也会燃烧。当氧气含量超过 30%~35% 时，即使是水分饱和的植物也会燃烧，所以此时很难将火扑灭。

伯纳和他的同事进一步做了实验，使用了一系列天然植物材料，包括泥炭苔藓、蕨类植物的根、木材和现代针叶树南洋杉（Araucaria）的叶子。[13] 他们得出的结果与沃森的结果基本一致，尽管他们质疑水分饱和的植物即使在高氧环境下也会燃烧。他们还表示，当火灾刚开始和逐渐蔓延时，针叶树的针叶和木材的燃烧表现不同，因为树叶燃烧所需的氧含量低于木材。我自己的兴趣则在于氧气浓度的上升是否会影响火的温度。用于测试氧气浓度的实验设备对于测量温度却毫无用处。但是对木炭反射率的研究可能会有所帮助，因为我们已经观察到了木炭反射率和温度之间的关系。罗伯特给了我他们用于实验的所有木炭残留物，想看看我能否获得任何数据。我的实验结果表明，火的温度确实随着氧气浓度的升高而升高。

到新的千禧年开始时，人们对过去地质时期火灾的影响以及火灾和大气中氧气浓度波动之间的关系越来越感兴趣。大约在 2 亿年前，木炭在三叠纪末期和侏罗纪初期的岩石中被广泛发现，这表明大气中至少有足够高的含氧量让植物燃烧。[14] 但是根据伯纳的模型，当时的氧气浓度应该很低，不足以让火燃烧起来。那么错误在哪里呢——是伯纳的模型有问题，还是计算出的氧气浓度有问题？于是，我们在低氧环境中进行了进一步的实验。早期的结果表明，火能在大气中燃烧的氧气含量下限是 15%，这挑战了伯纳模型给出的中生代的 10%~12% 的氧气浓度。随后探索氧气浓度将如何影响火的蔓延的实验表明，在氧气含量低于 18.5% 时，与现代相比，火将会被大大抑制，并在低于 16% 时完全熄灭。大气中氧气含量在 18.5%~22% 时，火的活性会迅速增加，但在 23% 以上时，火的蔓延似乎只有细微的变化。[15]

伯纳修正了模型，增加了新的计算，但模型中中生代的氧气浓度更低，包括白垩纪。而早期模型，如沃森和他的同事的模型，则显示了更高的氧气浓度水平。我收集到的所有木炭证据表明，整个中生代的氧气浓度一定很高。

我们仍然没有办法直接测量大气中的含氧量，也找不到任何测量含氧量的替代物。与此同时，我已经开始建立一个包括化石炭所有记录的数据库。因为我已经能够证明在煤中发现的惰质组实际上是化石炭，这就给了我们另一个了解火灾历史的窗口。我和我以前的学生伊恩·格拉斯普尔（Ian Glasspool）合作，在美国芝加哥的菲尔德博物馆，探索了木炭在煤中随时间分布的情况，结果证明这非常有趣（图 32）。

我们注意到，世界各地现代泥炭中木炭含量的平均数仅为 4% 左右。而从煤的木炭化石数据库中，我们发现石炭纪和二叠纪的数据通常很高，超过 20%，但煤中通常有高达 70% 的

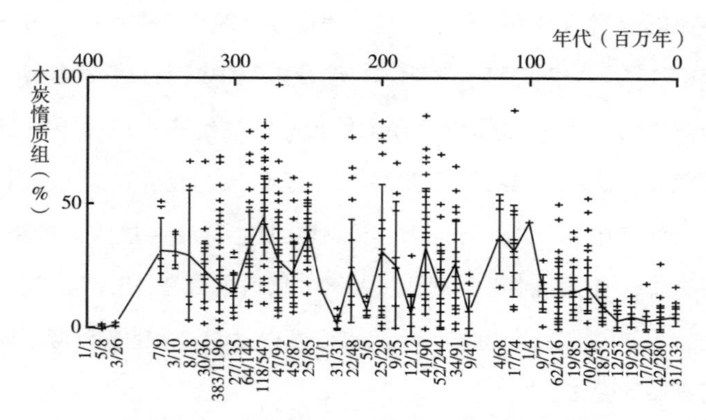

图 32　图中显示了煤中木炭的分布，由此计算出大气中的氧气含量，并用线表示各点的平均值。每 1000 万年间隔的数据点数量由下方的数字表示，并显示一系列点，垂直线显示数据的标准差。

木炭（这就是煤处理起来很容易弄脏自己的原因）。[16]正如所有生物地理化学模型所暗示的那样，这是一个大气含氧量很高的时期。所以，我们非常熟悉在英国石炭纪的煤中发现的大量炭带。

正如我们所见，实验已表明，高氧环境中潮湿的植物也可能燃烧。随着二叠纪和石炭纪氧气含量的增加，泥炭形成的过程中可能出现了更频繁的火灾，导致大量木炭带保存在这些泥炭中，就变成了现在的煤化石。

木炭在煤中所占比例图的另一个明显特征是，不仅在古生代晚期的煤中，而且在白垩纪的煤中都有高含量的木炭。在大约5500万年前之后的时间里，煤中的木炭含量就要低得多。因此，有可能利用从这些数据和燃烧实验中获得的知识来作为大气中氧气浓度检测的替代物。如果含氧量低于15%，我们预计煤中就不会含有木炭（惰质组）。如果当时大气中氧浓度与今天相同（即21%），我们可能会预计煤中的木炭含量大约为4%~7%。如果我们接受这种观点，即如果氧气含量为30%~35%，那么火灾将非常频繁，燃料不会积聚起来，所以我们可以用这个数字作为上限（显然，这种关系不是线性的）。木炭数据可以重新计算和转换，形成大气的氧气曲线（图33）。[17]

该曲线证实了古生代晚期（3亿至2.5亿年前的石炭纪和二叠纪）的高含氧量在二叠纪晚期随着大规模生物灭绝而剧烈下滑。含氧量水平在侏罗纪（2.5亿至1.4亿年前）不断波动，然后在白垩纪时期再次上升到古生代晚期的水平。从白垩纪晚

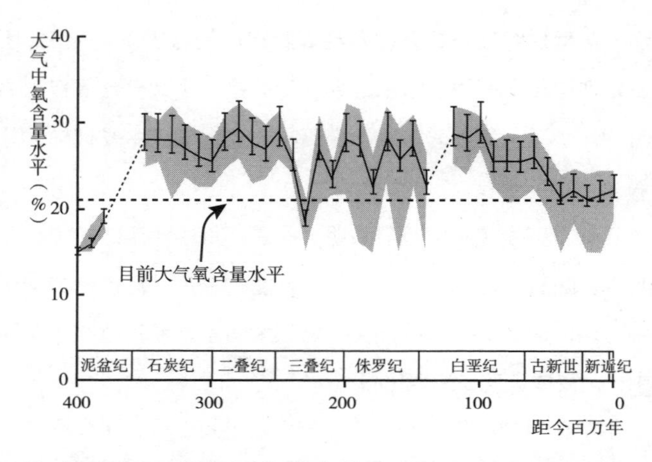

图 33　根据图 32 所示的煤炭（惰质组）数据库计算得出的大气中氧浓度曲线。现代大气含氧量水平为 21%，不确定区域以灰色显示。

期开始，氧气浓度水平呈稳定下降趋势，至少在 4000 万年前达到现代水平，此后一直保持相对稳定状态。

反馈

76

火之三角形的重要意义是画出三个要素，并表明它们是相辅相成的。但它们不能反映出交互的复杂性。实际上，气候、植被和大气这三个要素构成了一个完整的地球系统的一部分，其中也包括海洋。一个要素的变化会对地球系统的其他方面产生连锁反应，这可能是积极的，也可能是消极的，然后反过来又会对第一个要素产生影响或进行反馈。如果反馈是积极的，这两个要素的变化就会累积起来；如果反馈是消极的，这些变化就会减弱，系统就会回到原来的稳定状态。火是这些反馈中的一个参与者，当我们试图理解过去火的变化并试图预测未来火情的变化时，我们必须考虑反馈循环。例如，如果降雨量长期下降，天气就会变得更干燥，这可能意味着火灾会更多。这也可能导致植被发生变化，进而引起相关动物群落的变化。[77] 但是，以稳定碳的形式掩埋火灾产生的木炭，将会减少大气中的二氧化碳含量，这将导致全球变冷，从而在负反馈环路中减少火灾数量。事实上，人工生产木炭（生物炭）并进行掩埋被认为是降低全球二氧化碳水平并帮助抑制全球变暖的一种手段。

在一个复杂的世界里，理解反馈变得越来越重要，宾夕法尼亚州立大学的李・库姆（Lee Kump）是第一批稍晚一点参加测试火系统反馈的人员之一。罗伯特・伯纳也非常关注反馈环路，并使用“系统图”来帮助可视化反馈并计算整体效果相对于地球系统是正的、负的还是中性的。[78] 他的一个经典图表说明了火、木炭、植被、大气中的氧、侵蚀和碳埋藏之间的关系（图 34）。这些相互关系如何在复杂的回环电路中起作用的一个很好例子是考虑当氧气浓度水平升高时会发生什么。如果氧气浓度水平升高，火灾就会增加。如果有更多的火灾，那么陆地植被就会减少。如果陆地植被减少，那么侵蚀就会增加。如果有更多的侵蚀，那么就有更多的碳埋藏，这反过来又会导致大气中氧气浓度的升高。从本质上来说，一个单一的变化可能会

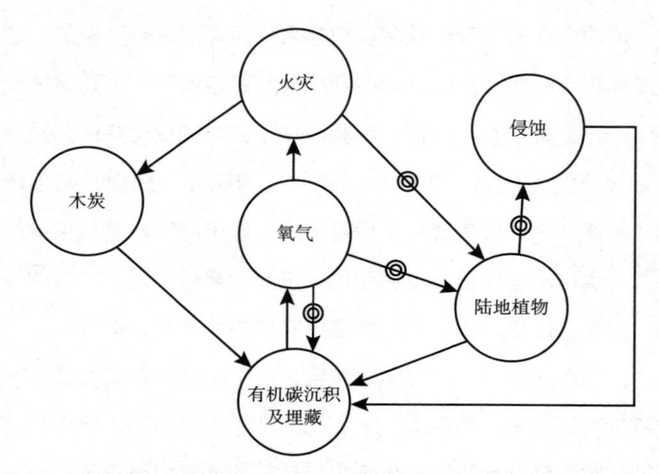

图 34　显示火与氧气之间关系的地球系统模型。箭头表示正反馈，带圆圈的箭头表示负反馈。偶数个箭头表示总体正反馈。

产生广泛的连锁反应。其中一些反馈持续时间很短，但其他反馈对地球系统过程的影响要持久得多。由于这些反馈在我们古往今来的火的故事中非常重要，所以我们接下来会重点关注其中的一些反馈。

4

火起与火灭的循环往复

1973 年 10 月，我的博士研究生生涯开始时，我从未想到过会花这么多时间来思考关于火的主题。此前我没有想到过火是地球变化的媒介，也没想到过木炭沉积物会在地球上有着悠久的储藏历史。我从来没有想过火是植物化石的保存机制，它产生的木炭可以显示它们的解剖结构，以便识别它们，并帮助我们拼合出几百万年前覆盖这片土地的植被的模样。在我童年和学生时代收集化石的岁月里，我从未发现，或至少没有注意到任何化石炭。

我曾想看看人类发现的 3 亿年前石炭纪植物的生态。自然的方法是观察那些很容易在岩石中找到的大型植物化石，比如散布在旧的煤矿点上的煤系。许多较小的植物碎片也保存在岩石中。于是我开始了一个项目，用酸溶解岩石，并获取剩下的植物化石残留物。岩石由矿物组成，这些矿物溶解在溶解植物化石的不同酸液中，而植物化石是由有机物质构成的。这是一项非常艰苦的工作，我每天花很多时间在茶叶大小的植物碎片残渣中寻找，试图识别这些碎片能代表什么。令人难以置信的是，在当时，很少有研究者试图用这种方式来观察植物化石。我很快注意到大量看起来像木炭的碎片，并用电子扫描显微镜观察这些碎片。

在电子扫描显微镜下，炭化叶的惊人细节得以显现（黑白图 6）。针状的小树叶有两排保存完好的气孔。但是它们来自哪种植物呢？我把这些材料带给比尔·查洛纳，他是世界上研究石松的权威学者之一，而石松是在煤层组中发现的最常见的植物之一。只有少数种类的这一群体的植物，如石松树、小石松苔藓，被发现至今还存活在世上。我们经过多次讨论，并努力收集更多的材料（每天收集一片叶子），终于有了足够的材料，其中包括两根多叶的嫩枝，我们相信这种化石植物是一种新型的针叶树。这使得这一发现具有双重意义，因为它代表了已知最古老的针叶树，并且它作为化石炭保存了下来。我们推测这种针叶树可能曾经生长在附近地区之外的某处高地上，并且受到了野火的侵袭。这块木炭应是被河流冲走，沉积在低洼的洪泛区。令我感到非常惊讶的是，我的论文竟然被著名的科学杂志《自然》所接受，就在我攻读博士学位的第二年公开发表了（又过了 30 年，我的另一篇论文才发表在《自然》杂志上）。就这样，我开始了对火以及它所能捕捉到的历史的迷恋。

最早的野火

为了寻找最早的野火的证据，我们需要寻找泥盆纪（4.19 亿至 3.6 亿年前）的岩石，当时陆地植物已经足够成熟，可以提供火种。我们有一些这个时期的木炭标本，并从德国收集到了新材料，但有关泥盆纪木炭的记录很少，目前还不清楚这是因为泥盆纪木炭没有被识别或收集，还是因为其真的很匮乏。

81

卡迪夫大学的戴安·爱德华兹（Dianne Edwards）是世界上最早研究陆地植物的权威。戴安对她自己保存的一些植物化石标本困惑了一段时间，这些标本可以追溯到更早的志留纪时期（大约 4.2 亿年前），我们就其中一些标本或许就是木炭的可能性进行过通信。她与我以前的学生伊恩·格拉斯普尔合作，将这些微小植物的电子扫描显微镜图像与我们在皇家霍洛威学院研发的反射技术相结合，以证明他们的一些植物标本确实是石化炭。这是地球上最早的有野火的证据。[1]

随后是对泥盆纪最早木炭的研究。[2] 越发清晰的是，当植物在 4.2 亿年到 3.95 亿年前的志留纪晚期和泥盆纪早期第一次传播到陆地上时，地球上就有了最早的野火。野火在这个时候不会很大或很普遍，因为植物的分布很不均匀，并且局限在靠近水的地方，这是因为它们只进化出了无孢子繁殖。燃料的积累会很慢，因为植物只能利用初级生长来成长。所以，那时根本没有树。

有一种神秘的植物（可能是一种巨大的藻类或地衣），有时候会以木炭的形式被保存下来，这就是原杉藻（Prototaxites）（图 35）。[3] 这似乎是一种非常大的植物，其复原图像是一根高大竖直的杆子。当然，有这样的形状，这种植物可能起到了避雷针的作用，所以其以木炭的形式保存下来并不令人惊讶。这

图 35　泥盆纪（距今 4.1 亿年前）可能出现的藻类或地衣类原杉藻复原图。这种瘦长的“植物”可能会被闪电击中。

彩图 1　2007 年 10 月某日从卫星上看到加利福尼亚州起火，太平洋上空浓烟滚滚。火灾的位置显示其来自同一地区。

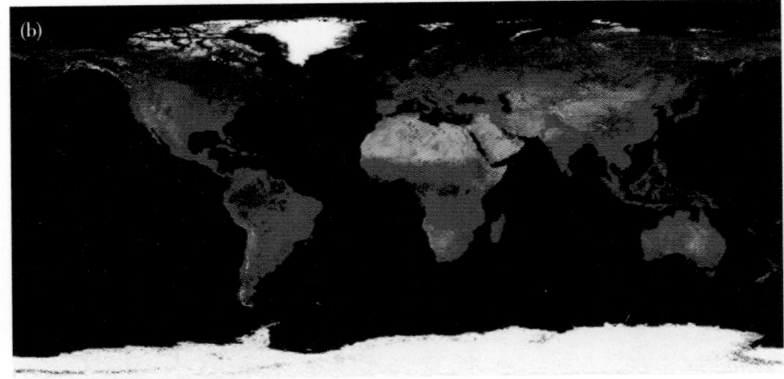

彩图2　卫星观测记录的全球火灾。(a)2013 年 1 月 1 日至 10 日发生的火灾；(b) 2016 年全年所有火灾的分布情况。

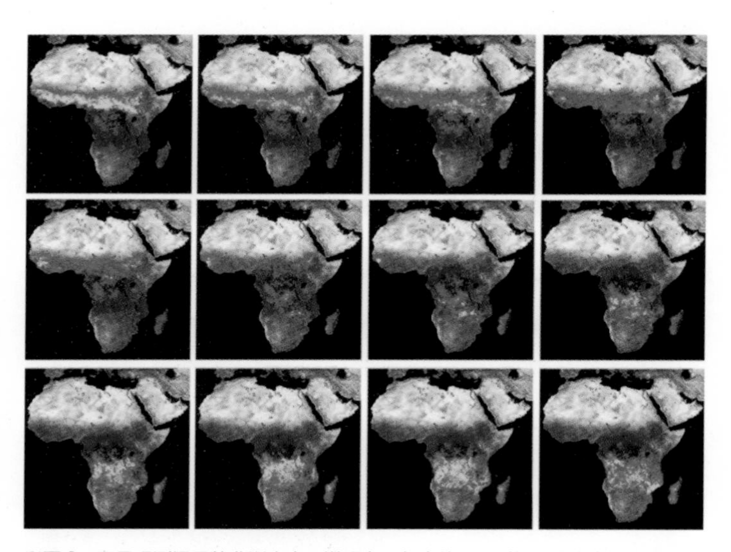

彩图 3　卫星观测记录的非洲火灾，说明在一年中的不同时间，火灾发的生模式有很大不同。每幅彩色图像显示了 2005 年 1 月（左上）到 8 月（右下）这 8 个月内每月 10 天的火灾累积数据。

彩图 4　2015 年发生在南加州的北方大火穿越高速公路，摧毁房屋，并将居民置于危险之中。

彩图 5　针叶林中冒出的滚滚浓烟。

彩图 6　北美森林野火中在河水里避难的鹿。

彩图 7　加拿大北部地区的短叶松 / 黑云杉森林火灾。地表火已借助梯子燃料燃烧至树冠。

彩图 8　澳大利亚东南部干旱森林火灾，图中为一种桉树类的硬叶植物。主要的地表火已蔓延到一棵树的树冠上。

彩图 9　中新世（2000 万年前）褐煤中的木炭，德国科隆附近的褐煤矿床。木炭块是富有光泽的边长约为 1 厘米的黑色方块。

彩图 10　苏格兰贝里克郡的石炭纪晚期（3.25 亿年前）沉积物中的黑色木炭和棕色无刺大孢子，具有保存完好的炭化茎。

彩图 11　在新斯科舍省乔金斯市发现的石炭纪晚期（3 亿年前）树状石松植物，树干中充满了砂岩。

彩图 12　新斯科舍省乔金斯市石炭纪（3 亿年前）的四足动物复原彩图，那里的树木可能被一场大火烧空，并可能在另一场野火中作为动物巢穴或藏身之所。

彩图 13　白垩纪大火世界复原彩图，图为恐龙（似鸵龙）正在逃离火灾。

彩图 14　印度尼西亚的泥炭火灾。

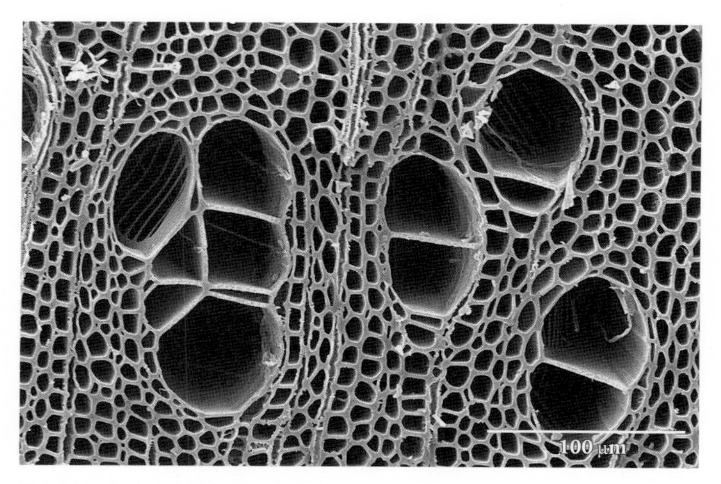

黑白图 1　桦木木炭的电子扫描显微镜照片显示其在解剖学上保存良好。较小细胞是管胞（木质部的输水细胞），较大细胞是导管。

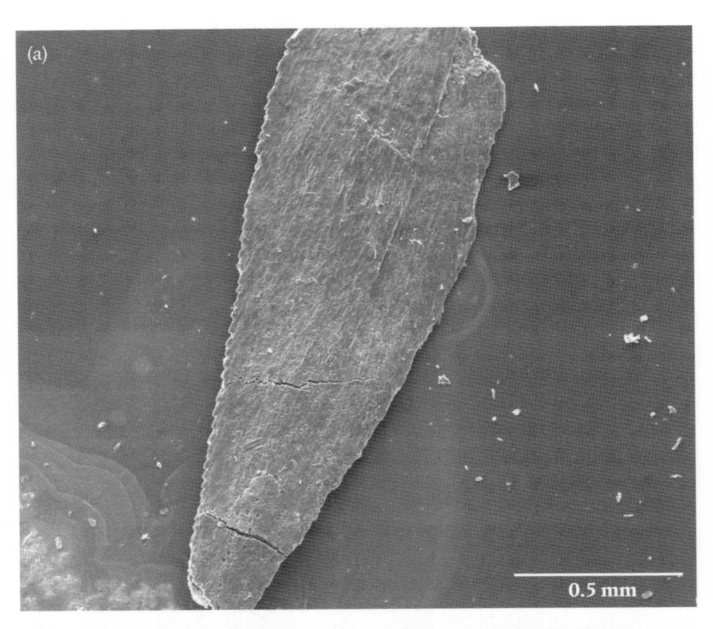

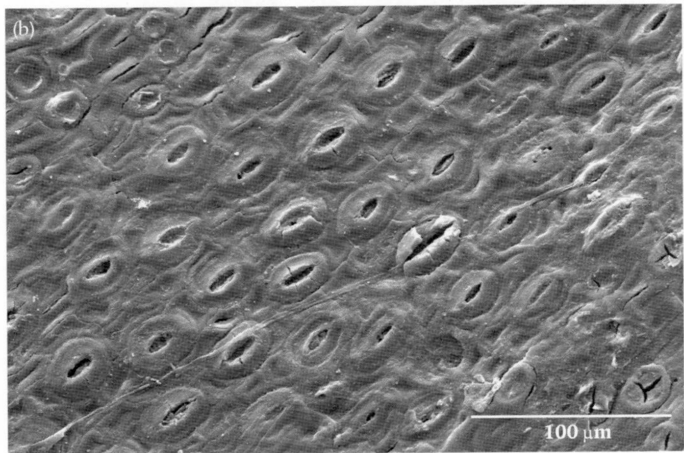

黑白图2　英格兰约克郡斯威灵顿，石炭纪（3亿年前）最早的针叶树化石的电子扫描显微镜照片。（a）整片叶子；（b）气孔的细节。

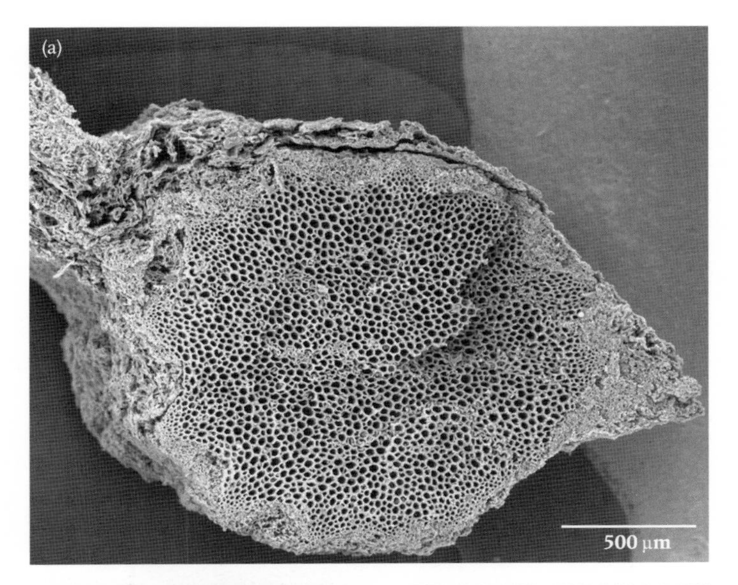

黑白图 3　爱尔兰多尼戈尔郡肖维镇，石炭纪早期序列（3.25 亿年前）草本石松属植物的炭化中柱（茎的中心部分）的电子扫描显微镜照片。样本是用酸从岩石中溶解而来的。（a）整个中柱；（b）详细的加厚管壁的细胞图。

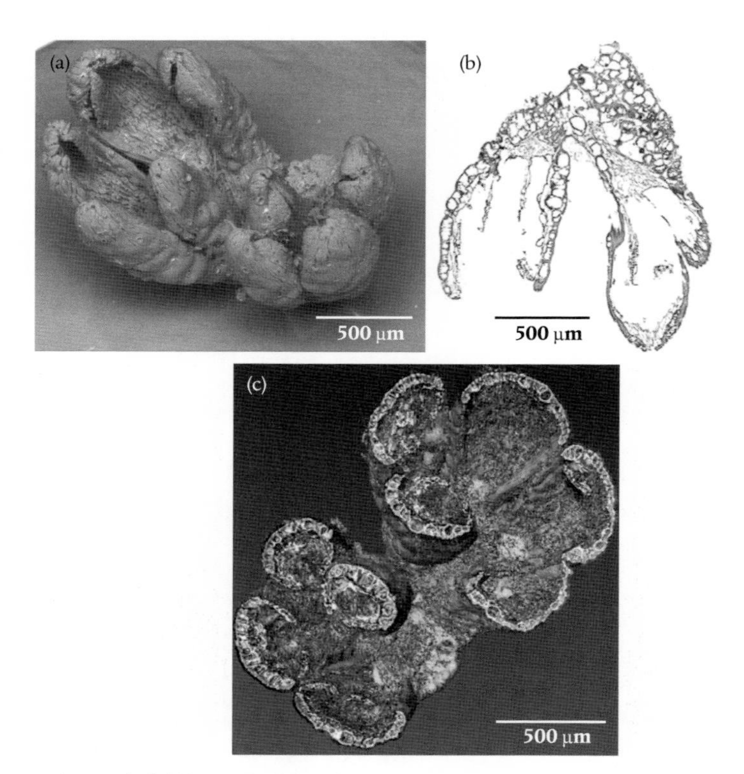

黑白图 4 （a）苏格兰 3.35 亿年前（石炭纪）炭化花粉器官的电子扫描显微镜照片；（b）同一样本中的同步辐射 X 射线显微层析截面图；（c）复原图。

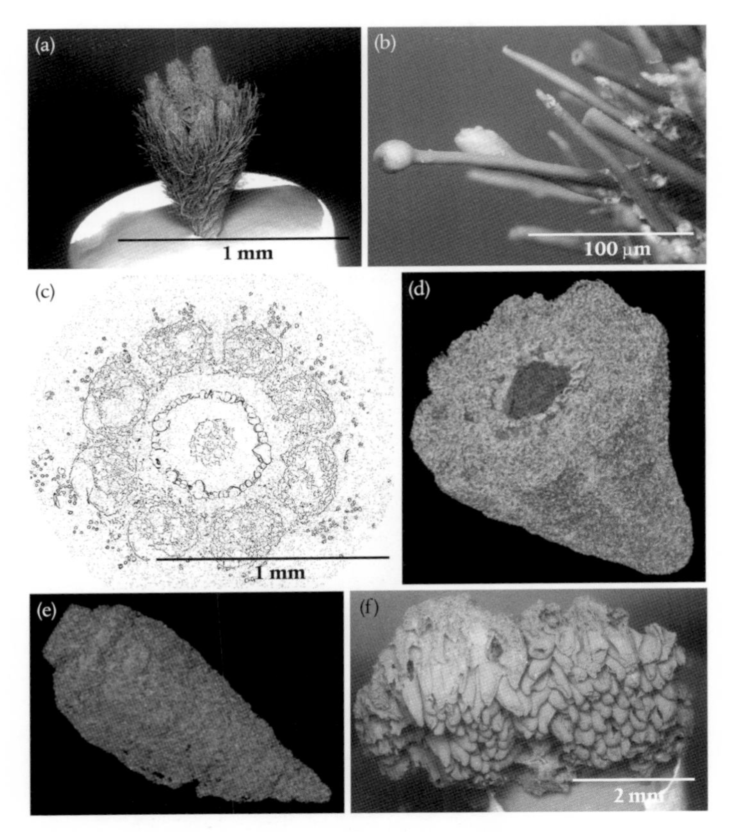

黑白图 5　苏格兰金斯伍德石灰岩中 3.35 亿年前的种子蕨类植物，其特殊保存的炭化繁殖器官可以使用多种技术进行研究。使用扫描电镜，可以看到（a）1 毫米长胚珠的细节，以及（b）螺旋状排列的腺毛。利用同步辐射 X 射线层析成像技术，可以对内部横截面进行无破坏性的数字成像（c）。这样的切片可以用来重建（d）带有不同层颜色编码的胚珠，这些层可以被数字化剥离，例如（e）内部大孢子。这些技术也被用于研究（f）同一矿床发现的花粉器官。

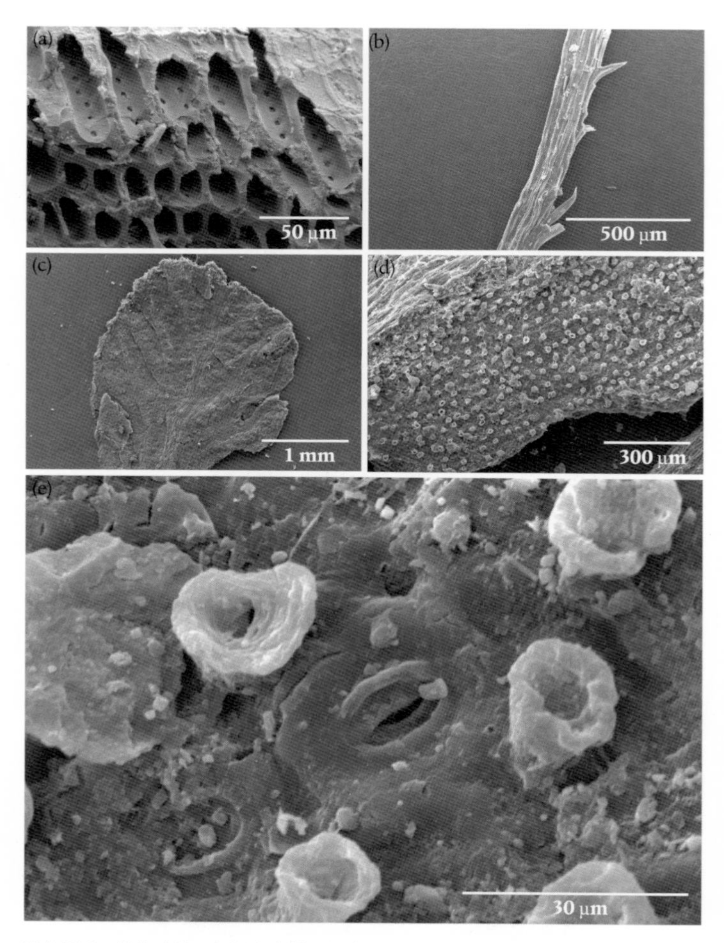

黑白图 6　植物碎片，包括来自英国约克郡利兹附近斯威灵顿采石场石炭纪（3.1 亿年前）煤系沉积物中的木炭。一系列植物和植物组织的电子扫描显微镜照片显示其在解剖学上保存完好：（a）科达树；（b）刺轴；（c）种子蕨类植物叶；（d）科达叶；（e）为（d）的细节，包括气孔和突起的结构。

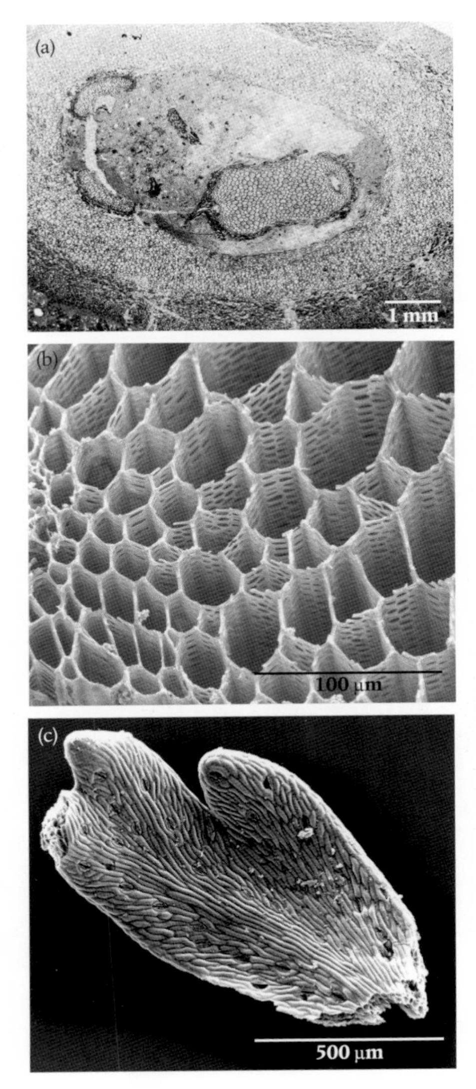

黑白图 7 （a）苏格兰佩蒂库尔，石炭纪（3.35 亿年前）石灰岩中的黑色木炭碎片；（b）蕨类植物（轴）主茎的电子扫描显微镜照片；（c）气孔保存完好的蕨类种子叶。根据气孔密度可以推测出大气中二氧化碳的含量。

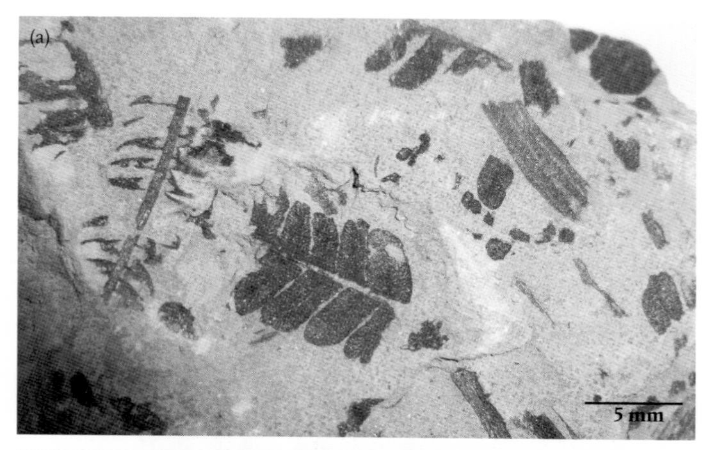

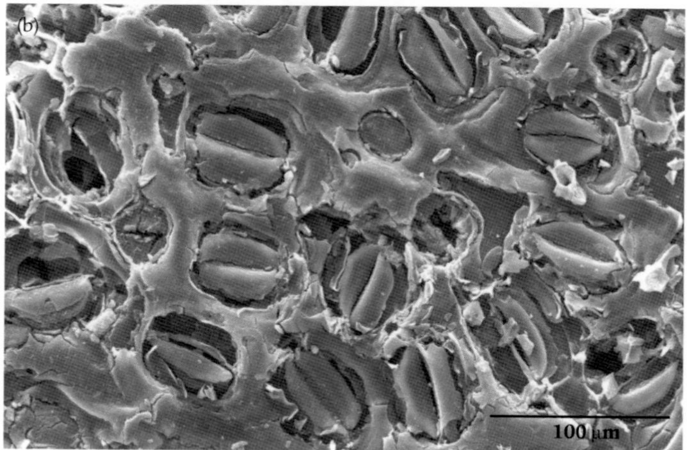

黑白图 8 （a）英国怀特岛威尔登白垩纪（1.2 亿年前）时期的木炭，包括炭化蕨类植物；可以用电子扫描显微镜研究它们的解剖结构，（b）中叶片的下表面有许多气孔（气体交换孔）。

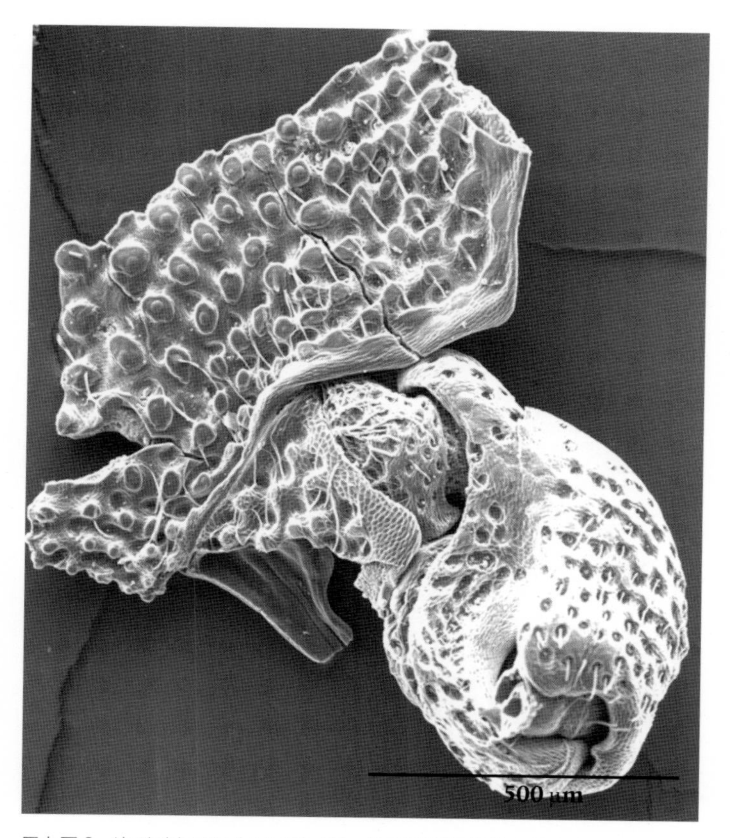

黑白图 9　比利时白垩纪（1.2 亿年前）威尔登岩层沉积物中的木炭，可以发现厚厚的焦化层中有小的炭化植物，也可以使用电子扫描显微镜看到烧焦的昆虫碎片，如图所示。

黑白图 10 （a-c）美国乔治亚州白垩纪炭化花电子扫描显微镜照片（1.1 亿年前）；（d）瑞典斯堪的纳维亚石竹属炭化花的电子扫描显微镜照片（9000 万年前）。

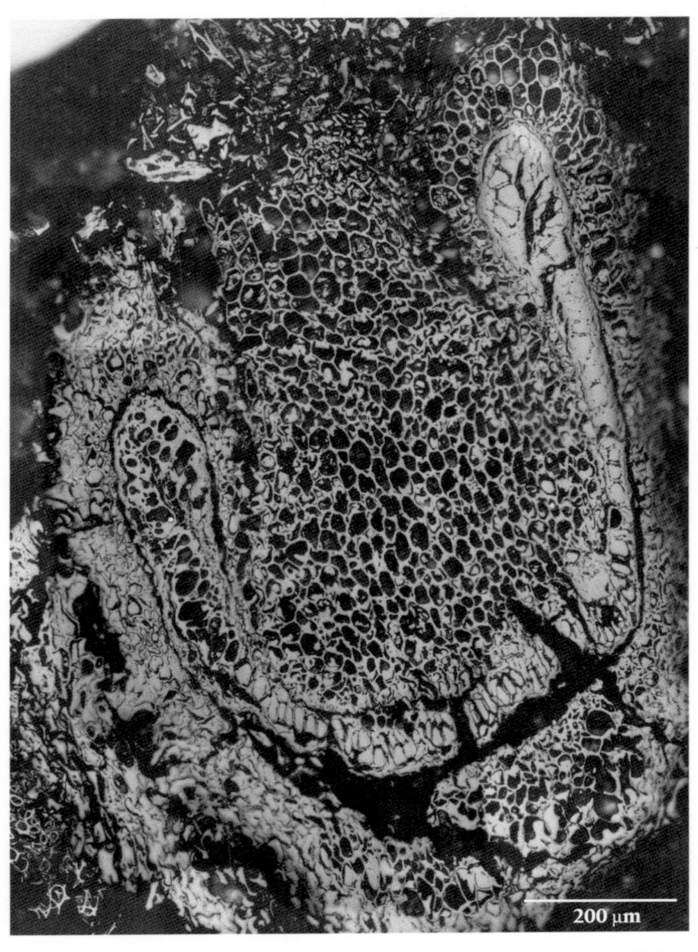

黑白图 11　英国肯特郡科巴姆褐煤（5500 万年前）的 56 张反射光图像的拼接照片，从中可以看到煤油区块下的炭化蕨类叶轴。

些早期炭化植物也显示了大气中的含氧量在志留纪晚期和泥盆纪早期已经高到足以引发野火。木炭的其他记录仅限于泥盆纪晚期。3.9 亿至 3.8 亿年前的泥盆纪中期呢？我们知道那时已有了庞大的植物群，并且，事实上泥盆纪是植物大规模扩增的时期。

82

我和伊恩·格拉斯普尔对泥盆纪的木炭问题困惑了一段时间后，开始想方设法去寻找材料。我们开始寻找泥盆纪中期野火稀少的原因。其中一个明显的原因无疑是大气含氧量。如果这一比例下降到 17% 以下，那么野火就不会被点燃或蔓延。果然，罗伯特·伯纳的所有模型都指出，此时大气氧浓度是呈下降趋势的。

83

野火似乎在泥盆纪晚期又回到了地球上。美国研究人员此前在宾夕法尼亚州中北部的岩石中发现了木炭，其年代可追溯到泥盆纪晚期，这是目前已知的最古老的木炭。大约 3.6 亿年前的泥盆纪晚期是树木进化出来的时期，也是第一批森林形成的时期。我们一直认为第一批森林与最早的森林火灾同时发生，但事实似乎并非如此。树木和森林是在第一次大面积木炭沉积之前发现的。宾夕法尼亚州泥盆纪晚期岩石中的大部分木炭来自一种叫作 *Rhacophyton* 的类似于地面蔓生蕨类的植物，而不是来自一种叫作卡利木 / 古蕨（Callixylon/Archaeopteris）的树（树干和叶子是被分别发现的，并且都有自己的名字——这是植物化石的常见现象）。[4] 因此，我们有地表火的证据，但没有树冠火的证据，或者至少没有森林大火的证据。

那么第一批森林火灾是什么时候发生的呢？在比利时和德国，越来越多的证据表明：在泥盆纪最晚期，木炭更普遍地存在于陆地和海洋沉积物中。比利时科学家曾经给我们描述了一些炭化的标本。其中一些确实是卡利木。但是样本仍然很少。不过，对于地球最早大范围火灾的时间记录问题，还有另一种可能的解决方法。

我们早些时候已经看到，木炭可以被风扬起并传到很远的地方。它也可以漂在水中，沿着河流水系进入大海。它可以在海洋沉积物中被识别，即使是非常小的颗粒，所以任何山火发生后，尤其是如果之前很少发生山火的话，都可以在海洋沉积物中发现木炭。美国岩煤学家已经开始研究美国东部从最晚期的泥盆纪到最早期的石炭纪（在 3.65 亿到 3.55 亿年前）的海洋沉积物的构成成分。他们发现，根据大多数模型，从泥盆纪晚期开始，就在大气中的氧气浓度开始上升的时候，化石炭有所增加。[5] 不幸的是，在这个时期我们用煤里的木炭作为大气中氧气的代替物很难，因为世界上任何地方都很少有这个时代的煤。需要来自世界不同地区的更多数据来证明，从泥盆纪晚期开始的山火增多是一个真正的全球现象。果然，这种模式被发现非常普遍。现在所有的证据表明，大约 3.5 亿年前的泥盆纪晚期，是化石记录中首次出现大规模野火的时期（图 36）。[6] 我们看到当时的世界是一个有火的世界，因为大气的氧浓度水平开始接近现代水平。

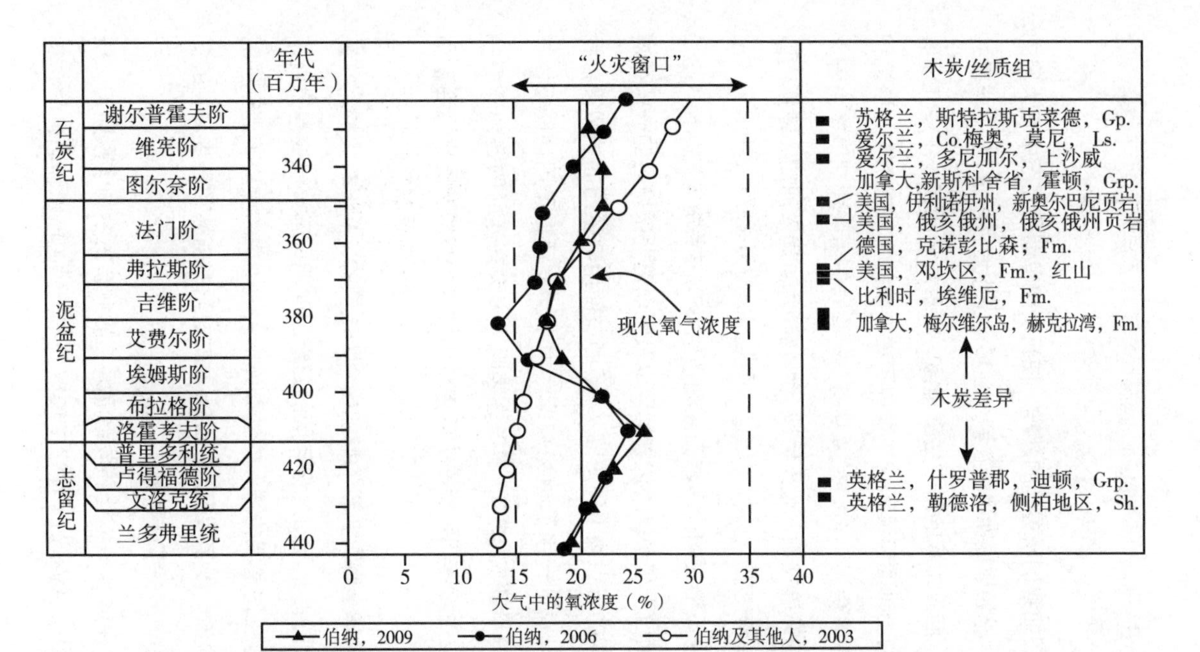

图 36　一些模型和化石炭记录显示，泥盆纪晚期出现了野火。野火的出现可能与当时大气中氧气浓度上升有关，火灾窗口是维持火灾的氧浓度范围。

石炭纪

正如我们所看到的那样，在石炭纪早期的岩石中有大量的木炭，比如我描述过的在爱尔兰多尼戈尔发现的 3.45 亿年前的岩石。后来，我的研究生霍华德·法尔肯 – 朗在爱尔兰北梅奥海岸的一个河口沉积物中发现了更丰富的木炭沉积物，该沉积物与许多鱼类化石同时被发现。这些岩石第一次记录了由野火引起的环境灾难。大火导致沉积物和木炭涌入河口，还把河口处的鱼毒死了。[7]

86

在苏格兰的许多岩石序列中也发现了木炭，包括大约 3.3 亿年前位于东海岸的边界地区以及福斯湾北部地区的一些石炭纪早期的沉积物（黑白图 7）。通过使用电子扫描显微镜，我们可以找到一系列植物被保存为木炭的证据（黑白图 5，彩图 10）。研究木炭的多样性表明，火灾在当时的各种环境中频繁发生。它们可能是由闪电或该地区频发爆发的火山活动引起的。

地球上野火数量的增加是令人吃惊的。从没有火的泥盆纪中期到 3.5 亿至 3.2 亿年前的石炭纪时期，山火已变得无处不在。这正好是罗伯特·伯纳计算出大气中氧浓度显著上升的时候。显然，要了解石炭纪山火及其对当时植被和野生动物的影响，还有很多工作要做。

1984 年，以化石收藏而闻名的业余古生物学家斯坦·伍德（Stan Wood）在爱丁堡以西不远的巴斯盖特附近的东柯克顿（East Kirkton）的一个采石场发现了已知最古老的四足动物之一（四足陆生动物）。斯坦最初是在一个足球场边上的农民的围墙里发现这些化石的。他当时正在给一场比赛作裁判，中场休息时去看了组成干石墙的石灰岩块。他不仅发现了最古老的盲蜘蛛（一种身体很小、腿很长的蜘蛛），而且发现了一个完整的小型四足动物。[8] 斯坦做了两件事，这让他出了名。首先，他去见了那位农民，买下了砌成墙的石灰石。然后，他调查了这些石头的来源，发现采石场已经废弃，于是他向当地政府购买了这里的采矿权。他接着与皇家苏格兰博物馆达成协议，将一半采石场用于经营活动，出售化石，而将另一半采石场用于科学研究。在接下来的五年里，一个 50 多名研究人员组成的国际团队一起挖掘和研究这个采石场。对这些材料的研究至今仍在进行。这些动物和植物化石来自当时的一个湖泊，湖里的热水源自附近的火山。然而，我们在湖泊剖面的下部发现了大量的木炭，尤其是在与脊椎动物化石紧密相关的层面上，包括现在著名的“蜥蜴莉齐”。[9] 火是生态系统中的一个重要元素，尤其是在生态系统的底层。大火有可能驱使动物在湖水中避难，但由于湖水有毒，它们就死在了湖里，并被保存在沉积物中。距今大约 3.4 亿年前，无论是火山活动还是雷电引发的，苏格兰的许多火山活跃地区经常出现野火，所以这些地方的岩石中含有丰富的化石炭。

在被野火席卷的地区，还有其他迹象显示石炭纪动物的反应。加拿大新斯科舍省的乔金斯化石崖向我们讲述了许多关于石炭纪的生命故事。石炭纪的许多岩石层和化石树（彩图 11）在那里被发现。19 世纪 50 年代，查尔斯 · 莱尔和加拿大著名科学家威廉 · 道森（William Dawson）一起参观了乔金斯，他们在中空的化石树干中发现了一些世界上最早的四足动物。[10] 从那时起，这种动物化石就开始吸引着地质学家们。当我参观乔金斯时，注意到沉积层序列中有很多木炭，甚至在一些树干中也有。大型科达树也与木炭有关，人们认为它们生长在被大火席卷的高地区域。乔金斯演示了作为生态系统重要组成部分的火灾的几种环境，这使我们能够推测植物进化出的一些特性的起源，这些特性可以帮助它们应对山火，比如厚树皮的发育，树叶和树枝从树干上的脱落都可以阻止火从地面燃到树干、从树干蔓延到树冠。

在某些情况下，树干被大火烧空了，所以野火可能在它们沉积和形成化石的过程中起到了作用。火灾也可能是与木炭相邻的脊椎动物化石形成的原因，其中一些脊椎动物化石就是在被烧空的树洞中发现的。中空的树干可能是经常作为生态系统一部分的小动物们的火灾避难所，其中一些小动物可能在大火发生时被烧死（彩图 12）。被大火掏空的树干后来也可能被动物用作巢穴，这有助于动物死后尸体成为化石。[11]

石炭纪煤中的木炭含量，或地质学家称为的层位（horizons），可以给人一种野火对生态有影响的感觉。山火发生后，煤层内的植被可能会发生变化（图 37），山火后在一片土地上繁衍的植物与之前生长在那里的植物种类不同。在煤球中发现的保存完好的炭化植物也表明，在容易着火的地区生长的植被是与众不同的，在岩石中这种植被所在区域被认为是富含丝炭的区域，并且不同于其之前和之后出现的植被。特别是，在这些岩层中，经常发现大封印木（Sigillaria）和种子髓木（Medullosa）。山火现在已经与全世界各种栖息地的各种植被类型联系在一起，甚至可能包括高地地形。罗伯特·伯纳和其他人提出的石炭纪具有高含氧量似乎是正确的。

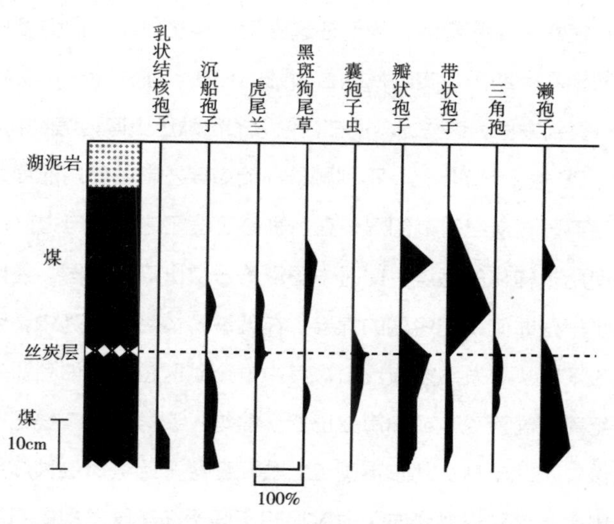

图 37　英国约克郡的石炭纪（3.1 亿年前）煤层的植被变化，图中显示的是木炭（丝炭）层。

二叠纪

当一篇关于化石记录中的火的评论在 2000 年发表之前，我们对二叠纪（3 亿至 2.5 亿年前）的认识是非常匮乏的。我们知道二叠纪时期的许多煤含有大量的木炭。虽然石炭纪时期的大多数煤今天会在北半球发现，例如北美洲和欧洲，但它们是在当时横跨赤道的热带泥沼（泥炭形成区）中形成的。相比之下，二叠纪时期煤分布在许多大陆，如南非、澳大利亚、南美洲和印度。在二叠纪，这些是冈瓦纳南部超大陆的一部分（图 38）。因为南极洲也是这片土地的一部分，所以我们期望能在那里发现二叠纪煤。斯科特南极探险队的既定目标之一是寻找化石植物和二叠纪煤，他们在这方面取得了成功。他们发现的舌蕨标本有助于证实冈瓦纳古大陆的存在。斯科特一直带着标本，直到去世。这些标本现在被伦敦的自然历史博物馆收藏。

20 世纪 80 年代，不列颠群岛的燃煤发电站使用的煤大部分是英国石炭纪时期的煤。在各种矿工罢工之后，电力公司开始使用多样化的燃煤。此时中国煤第一次出口到英国。我自己花了一些时间研究中国的煤炭。在苏联解体后的动荡中，俄罗斯人下定决心发展煤炭出口。其中一个矿区位于西伯利亚的二叠纪库兹涅茨克（或称库兹巴斯）盆地，该盆地在二叠纪时期应该位于北半球。几家英国电力公司已经开始进口这种煤用于发电。当这种煤燃烧时，很明显它不同于在英国发现的石炭纪煤，其中一个可能的原因是这种煤的木炭含量很高。这是这些

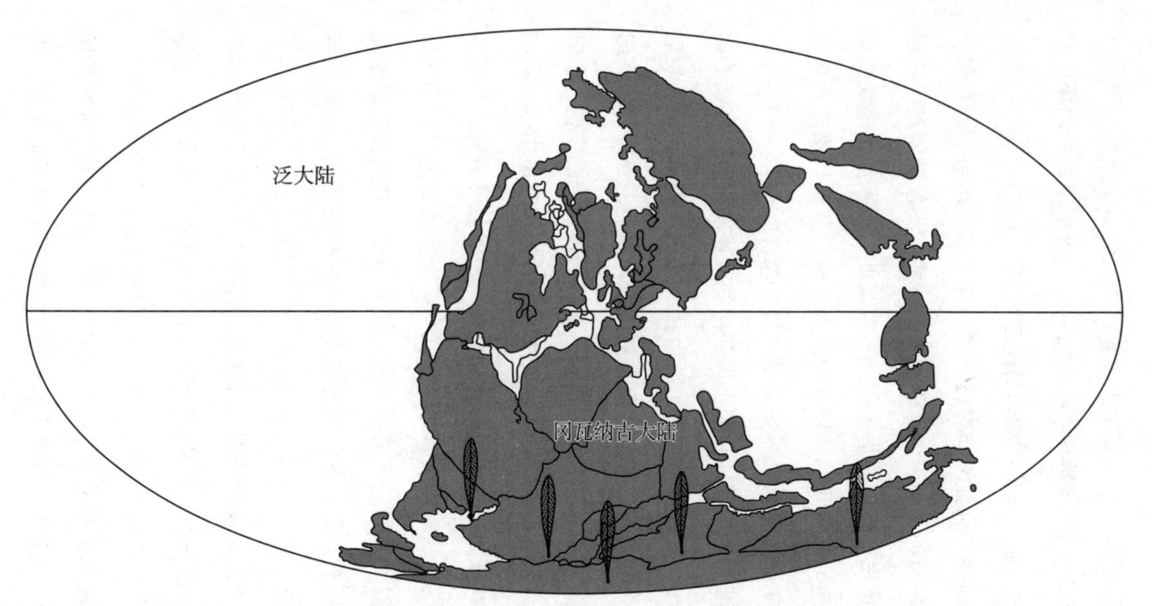

图38　2.75亿年前大陆的复原图，图中显示了泛大陆和冈瓦纳古大陆地区，对舌蕨出现的范围也做了标注。

煤的共同特征吗？如果有山火频繁发生的证据，是否有可能计算它们之间的时间间隔——什么叫作山火重现间隔？如果大气中富含氧气，那么火灾的频率可能会增加。

获得对西伯利亚煤炭进行研究的许可涉及复杂的谈判和敏感性，既有经济上的，也有政治上的。我们不仅希望有一名翻译和其他贸易代表，还希望有一名煤炭地质学家，这样我们就可以更清楚地解释我们的研究目的是什么。莫斯科国立大学的煤炭地质学家娜塔莉亚·普龙娜（Natalia Pronina）的英语很好，事实证明她是这项研究不可多得的宝贵同事。我和我的研究生维基·哈德斯皮（Vicky Hudspith）先飞往莫斯科，然后再飞往西伯利亚。这是一次飞往新库兹涅茨克的长途飞行，该地在新西伯利亚以东约 200 英里，在乌拉尔山脉的东侧，也就是在哈萨克斯坦的北部。第一天半夜，我被叫喊声和一阵砰砰的敲门声吵醒。我唯一能听懂的就是“护照”这个词。是警察突袭吗？结果却是酒店着火了。我们都安全地离开了，但灭火需要一些时间，我们不得不在其他地方过夜。就在我们探索山火的悠久历史之时，这场酒店火灾神奇地提醒了我们火的源源不绝的力量。

库兹涅茨克盆地的煤和我熟悉的煤大不相同，这里的许多煤层超过 10 米厚，与英国典型的 1~2 米厚的煤层不同。在这个世界上最大的露天煤矿之一，有几种煤甚至暴露在地表外。

尽管发生了不幸的酒店火灾事件，我们还是能够在矿井里继续进行野外工作，而且工作很成功。我们能够证明这里的煤确实有很高的木炭含量，而且在二叠纪时期，火灾在泥炭形成区和周围地区很常见。于是，我们继续计算山火发生的时间间隔。为了做到这一点，我们首先需要计算泥炭的原始厚度，计算出它在埋藏过程中被压实了多少。根据大陆的位置和气候指标，以及矿化和石化木材的年轮，我们可以推断泥炭形成于温带气候。我们根据对现代泥炭在温带地域积累速度的了解，可以估算化石泥炭形成所需的时间。因此，我们现在可以估计特定厚度的泥炭形成所需的时间，并且知道了木炭层的数量，这样就可以计算出泥炭形成过程中的山火发生的时间间隔了。结果表明，在这种环境下，二叠纪时期山火发生的时间间隔比现代短。[12] 这支持了频发的火灾受到当时大气中高浓度氧气影响的观点。从那时起，木炭很快在世界各地被发现，这是因为当时森林火灾似乎很常见（图 39）。

大火频发世界的生活令人难以想象。今天我们既有自然引发的火，也有人类点燃的火，但人类也灭火，所以它们的自然频率和程度很难判断。但是我们可以预期，在火灾频率高的世界里，火灾可能在不同的气候条件下发生的范围更加广泛；火灾的范围可能很大，有时很严重，而且比今天发生得更频繁。因此，当时植被的生长可能会受到更多的限制，而对于动物来说，各种动物也都会受到火灾的影响，包括空中飞行的动物，因为火灾产生的烟雾即使在今天也可能是个大问题。

二叠纪晚期发生了地球史上最大规模的生物灭绝事件。尽管其原因仍在争论中，但在大冰河时代结束后，甲烷从海洋中

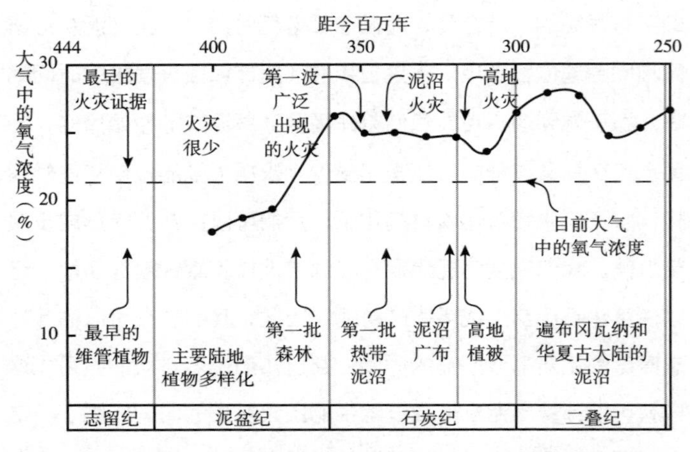

图 39　古生代晚期（3.5 亿至 2.5 亿年前）火情的演变与大气中氧气浓度的关系。

释放出来，再加上西伯利亚的大规模火山爆发，必将导致空气中二氧化碳和有毒气体的增加。然后，气温大幅上升，各种污染物污染了陆地和海洋。

当时的山火情况如何？通过调查化石记录中的木炭可以帮助我们回答这个问题。来自中国的沉积物在时间上覆盖了从二叠纪晚期到三叠纪早期这段时间。中国岩煤学家能够证明，直到二叠纪晚期，煤里都含有大量木炭。[13] 山火很明显是整个时期生态系统的重要组成部分。事实上，来自云南省东部煤炭的数据显示，在接近三叠纪晚期时，山火活动越来越频繁。在这个阶段，无法确定山火是边界发生重大变化的结果，还是只是变化原因的一部分。我经常想知道大量山火产生的烟雾会对那个时期的冰川产生什么影响。我们知道，沉积到冰雪地里的碳颗粒会使地面变暗，导致冰雪吸收更多的太阳辐射，大面积被烧成黑色的植被也会有类似的效果。这可能会导致地球小幅度变暖，进而可能对当时冰盖融化产生一些影响，这将进一步使地表变暗，并促使地球进一步变暖，从而形成一个正反馈循环。但这也只是猜测而已。

大约在 2.5 亿年前，发生在二叠纪和三叠纪交替时的事件改变了游戏规则。大约 95% 的物种在当时灭绝了。从火灾的角度来看，这有两个重要的后果。适应了大火世界的植物都灭绝了，大气氧浓度模型也都表明当时的氧气浓度在迅速下降。所以，接下来三叠纪时期的地球是一个非常不同的世界。[14]

5

火、花和恐龙

中生代是一个包括三叠纪、侏罗纪和白垩纪的地质层段，恐龙的兴衰是中生代最著名的事件。中生代开始于大约 2.5 亿年前，一直持续到大约 6600 万年前——这是一段并不短的地质时期，在其开始和结束时都受到大规模生物灭绝的影响。50 年前，很少有人发表关于远古时期火灾的论文，我之前提到过的最重要的一篇论文是雷丁大学的汤姆·哈里斯的《中生代森林火灾》(“Forest Fire in the Mesozoic”)。[1] 汤姆是一位重要的科学家，是世界知名的古植物学家。他精力充沛，对植物化石充满热情，是一位兴趣广泛的科学家，并热衷于实验和发散式思维。汤姆在他关于中生代火灾的论文中使用的证据仅限于在岩石中出现的几个木炭点。

三叠纪

二叠纪结束时出现了在地质学史上已知规模最大的生物灭绝，当时地球上的生物几乎消亡殆尽，整个生态系统土崩瓦解。那么三叠纪初的世界是什么样子呢？

98

在所有已经灭绝的植物群中，有曾经是古生代晚期主要成煤植物的巨型苔藓（giant club moss），以及曾经占南方大陆植被极大比例的舌羊齿植物（glossopterids）。在大灭绝之后的最初几百万年里，植物多样性程度似乎很低，但一些新植物变得突出，包括被称为肋木（Pleuromeia）的杆状孢子石松植物，以及具有类似蕨类植物叶子的种子植物叉叶松（Dicroidium）（图 40）。

99

三叠纪的前 1000 万年被认为是生态系统恢复期。根据伯纳的模型，三叠纪开始时大气中氧气含量非常低。[2] 研究人员注意到，三叠纪早期没有煤，这个间隔期被称为“无煤期”。[3] 因此，问题在于在这个时间间隔内，煤中的木炭不能作为大气中氧气的替代物。在三叠纪早期的沉积物中，几乎没有木炭的记录。目前还不清楚这是因为氧气含量低还是因为植被分布稀疏没有火灾发生，或者仅仅是因为没有人在那个年代的沉积物中找到木炭。一个重要的问题在于，很少有地方出现三叠纪早期的沉积物，即使有，也主要是在海洋环境中，在那里木炭不太可能被注意到。但是对三叠纪早期土壤化石的研究得出的结论是，它们确实是在低氧浓度的大气中形成的。[4]

图 40　三叠纪晚期植被复原图，近处的植物为叉叶松，还有石松、苏铁、树蕨、南洋杉、圆柱藻（Cylomeia）、银杏和针叶树。

尽管在三叠纪早期沉积物中没有发现木炭，但研究人员确实发现了一系列三叠纪中晚期（2.47 亿至 2.01 亿年前）的含有木炭的沉积物。[5] 这种木炭主要是裸子植物的木材形成的，所以大树在三叠纪中期就已经重新出现了。我们对这一时期的系列火灾了解得相当有限，因为已发现的木炭主要源自种类有限的树木。似乎在1000万年后，地球终于从二叠纪与三叠纪交替时的生物大灭绝事件中恢复过来。此时，许多新的植物已经开始形成，不仅有苏铁，还有一系列种子植物，以及蕨类植物和马尾草。在动物界，恐龙种类开始多样化。

2.02亿至1.99亿年前的三叠纪晚期和侏罗纪早期是一个特别有趣的时期，这也是汤姆·哈里斯1958年发表的关于火的论文主题。他在论文中描述了南威尔士克纳普推塔（Cnap Twt）的石灰岩地形，裂缝中布满了2.08亿至2.01亿年前三叠纪晚期的沉积物。以木炭形式保存下来的主要植物是一种叫掌鳞杉（Cheirolepis）的针叶树。哈里斯认为南威尔士高地的针叶林发生大火后，沉积物、木炭和未燃烧的植物被冲入这里的裂缝。[6] 三叠纪晚期的大火也被认为是一些脊椎动物骨床（bone beds）形成的原因——许多骨头堆积在其中的沉积层——这可能是灾难性野火后侵蚀和随后沉积的结果。[7]

100

哈里斯还对东格陵兰地区三叠纪和侏罗纪交替时期的木炭进行了记录。近年来格陵兰岛再次成为研究这一时期的焦点。从三叠纪和侏罗纪交替时期的岩石中可以发现大量的植物化石。这使得我们不仅可以在这个时间间隔内跟踪不断变化的植被，还可以观察大气中的二氧化碳和全球气温的变化情况。正如我们已经看到的那样，对植物化石气孔的分析可以得出二氧化碳浓度的相关信息。这两个方面都发生了重大变化，部分原因可能是泛大陆的分裂，而地球上所有主要的陆地板块在二叠纪末曾短暂地聚集在一起。三叠纪晚期发生了地球历史上的五次生物大灭绝之一，尽管关于其原因仍有持续的争论。气候发生了重大变化，这似乎是二氧化碳突然释放到大气中造成的，反过来又对植被产生影响。植物区系的边界发生了变化，主要植被从以宽叶为主转变为以针叶为主。根据对木炭的记录，这与三叠纪晚期的火灾活动增加相吻合。[8] 问题是，为什么主要的叶子形状发生了变化？实验表明，宽叶的燃烧方式不同于针叶，因为针叶更易燃。大气中增加的二氧化碳使气候变暖，加上闪电活动更加频繁，可能导致了森林野火的增加。对来自瑞典的横跨三叠纪和侏罗纪交替时期的煤的另一项研究也揭示了这两个时代交替时火灾活动的显著增加，同样使用的是观察木炭分布的方法。在这个完全不同的环境中，科学家们发现植被从针叶林变成灌木状植被，使用与温度相关的木炭反射率的方法，他们不仅能够显示火的温度变化，还能够显示从高温树冠火到低温地表火的转变。[9]

101

侏罗纪

伯纳后来的模型显示，整个侏罗纪时期（2 亿至 1.45 亿年前）氧气浓度都非常低。[10] 显然这不可能是事实，因为在这个时期火灾后形成的木炭经常被人们发现（图 41）。然而，我们对侏罗纪火灾的了解仍然相当有限。我们需要回到汤姆·哈里斯的那篇论文中去找答案。在完成格陵兰岛的工作后，汤姆花了职业生涯的大部分时间描述约克郡斯卡比地层中侏罗纪

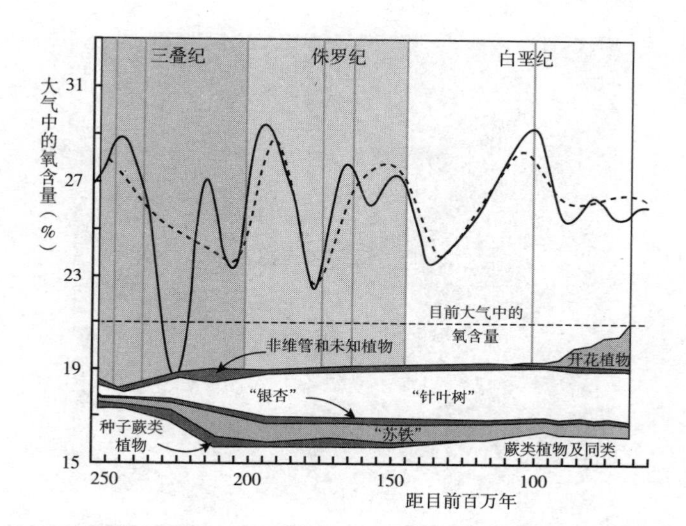

图 41　根据煤中木炭替代物计算出的整个中生代时期植被和大气中氧气浓度的变化情况（2.5 亿至 6500 万年前）。实线和虚线表示以两种方式计算的平均值，分别使用 500 万年和 1000 万年时间段周期。

岩石中的植物化石群，使其成为世界上最著名的植物化石产地之一（图 42）。他注意到斯卡伯勒北部岩石中有木炭。最壮观的是布满银杏叶的砂岩层，他还发现了木炭碎片以及偶尔出现的炭化蕨类植物。我也从这里收集到一些实验材料并与我的学生一起观察这些木炭。米克·科普的最新研究表明，受野火影响的植物区系包括针叶树、苏铁、本内苏铁目和银杏。[11] 当时的世界似乎被种子植物所主宰，地面覆盖着蕨类植物和马尾草，但仍然没有花。在这片土地上漫游的恐龙包括巨型食草蜥脚类恐龙和异特龙（Allosaurus）等食肉动物。

102

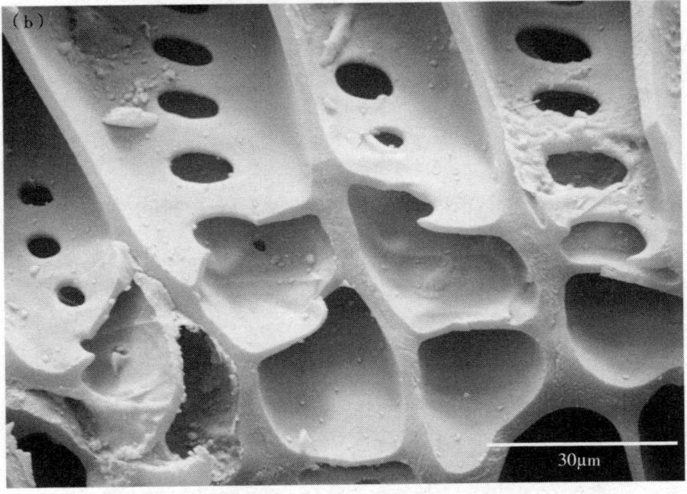

图 42 （a）来自侏罗纪中期（1.7 亿年前）英国约克郡斯卡比地层河流中的鳞状结构砂岩里的木炭；（b）该木炭在电子扫描显微镜下的图像。

在这些侏罗纪化石中只有很少的木炭。我在许多地方收集过，但还是认为这个时期的木炭非常有限。其他科学家则在整个岩石序列中寻找木炭的踪影，并调查沉积物、植物和气候之间的关系。他们发现木炭只限于特别干燥的时期——也就是说，火是受气候限制的，而不是受氧气浓度限制的，并且那个时期的气候一直是不稳定的。当时的英国位于赤道以北，在泛大陆的北侧。泛大陆的南部由古老而广阔的冈瓦纳古大陆组成。在阿根廷、印度和南极洲的研究都证明了侏罗纪中期发生过大小不等的野火。但是关于这些地方的火灾，我们还有很多需要了解的，不仅包括被烧的物质，还有这些火灾是如何影响动物的，等等。

我突然想到，在北海地区的许多化石序列中一定有木炭存在的证据。毕竟，许多充当储油层的砂岩类似于约克郡海岸暴露的含有木炭的沉积物，其中就包括布伦特砂岩群。这包含了最著名的石油，即“布伦特原油”，它是北海石油的主要价格指标。我向我的学生蒂姆·琼斯建议，他应该在岩芯中寻找木炭。让我们非常惊讶的是，他竟然发现很多岩层都含有木炭。[12] 众所周知，这些沙子中有一部分是从高地被侵蚀到北部地区的，但是沙子流入盆地总是与地质构造有关——构造隆升之后就会出现土地抬升的侵蚀。但也许它们是火后侵蚀造成的从山上冲下来的木炭与沉积物混合在一起的结果？如果真是这样的话，那么这些沉积物的来源可能非常广泛，并且各种沉积物可能是相互关联的。我想起落基山脉现代系列火灾后记录到的经常出现的沉积物和木炭。这种沉积物冲积扇可能会有规律地出现。对北海岩芯的研究表明，某些地方的木炭比其他地方更丰富，所以过去的火灾活动似乎有所波动，甚至一些木炭层出现在侏罗纪晚期。

西欧、中欧都有关于在侏罗纪晚期的启莫里奇阶（1.57 亿至 1.52 亿年前）发现木炭的报道，但报道中只是一些木炭碎片的记录。科学家们也认为，当时的氧气浓度较低，但仍能引发火灾。[13] 我们的煤中木炭的数据也暗示此时的大气含氧量较低，因此控制野火发生的因素并非只有气候。

有一些关于在大约 1.5 亿年前的侏罗纪晚期野火存在的证据。这种情况下，许多火灾似乎发生在针叶林中。最好的例子来自英格兰南部海岸，即波特兰岛附近的侏罗纪海岸，以及著名的珀贝克化石森林（图 43）。[14] 这些针叶林沿着海岸分布，其气候与今天中东的部分地区别无二致。这里的森林不时会燃烧，火灾后的木炭被保存在土壤中。[15] 简・弗朗西斯（Jane Francis）对这些树进行了研究，有证据表明此时南极洲也有针叶林。

白垩纪早期

到白垩纪开始时（1.4 亿年前），泛大陆已经开始分裂，许多现代大陆在那时已经可识别（图 44）。英格兰南部维尔德的岩石就是可以追溯到这个时期的非海相岩石。这些岩石是

图 43　图为英国卢尔沃斯侏罗纪最晚期（1.4 亿年前）的珀贝克化石森林。这是一块从岩石上剥离出来的针叶树化石。

在北大西洋刚刚开始形成时沉积的，它们以植物化石和恐龙化石而闻名于世，这些化石是 19 世纪早中期被提及的首批恐龙化石之一。这些植物大多被保存为压缩化石，主要是植物叶子。著名的古植物学家如阿尔弗雷德·苏厄德爵士（Sir Alfred Seward）和玛丽·斯托普描述了沉积物中的化石，雷丁大学的珀西·艾伦（Percy Allen）对这些大陆沉积物进行了意义非凡的研究。[16]

伦敦帝国理工学院的肯·阿尔文（Ken Alvin）以他对比利时白垩纪蕨类植物化石的研究而闻名，并且开始使用电子扫描显微镜完成了开创性工作。当他在英格兰南部海岸怀特岛的威尔登岩石中发现炭化蕨类植物时，他把这两种兴趣结合在了一起。[17] 这些沉积物也出自白垩纪早期（1.45 亿至 1.25 亿年前），20 世纪 70 年代初，我们对当时环境的了解迅速增加。珀西·艾伦最初制作了一个横跨威尔登地区的三角洲沉积物的图片，这个模型后来被广泛使用。但在 1975 年的一次地质会议上，珀西说他的三角洲模型可能是不正确的，沉积物更有可能由河流沉积而成，这让所有的听众都大为震惊。[18] 这就是科学的本质。对环境解释的变化有许多含义，不仅威尔登的气候研究如此，而且对在沉积物中发现植物化石的生态学也是如此。

多年来，我一直在怀特岛收集木炭。当我到皇家霍洛威学院时，我们对威尔登地区尤其是怀特岛的木炭分布进行了更系统的研究。我们发现木炭的出现有许多时间间隔，不同层位炭化的植物也不同（黑白图 8）。有两个主要地区受到了野火的影响，一个是沿海蕨类植物“大草原”，另一个则是针叶林区。[19] 问题依然存在：燃烧的增加是否更普遍，氧气浓度和气候变化会如何影响火灾?

类似的木炭沉积的证据，也就是野火的证据，很快从其他地方传来。在加拿大新斯科舍省，取自白垩纪早期沉积的地下盆地中的钻孔岩芯证明有充满木炭的层位，其中含有针叶树和

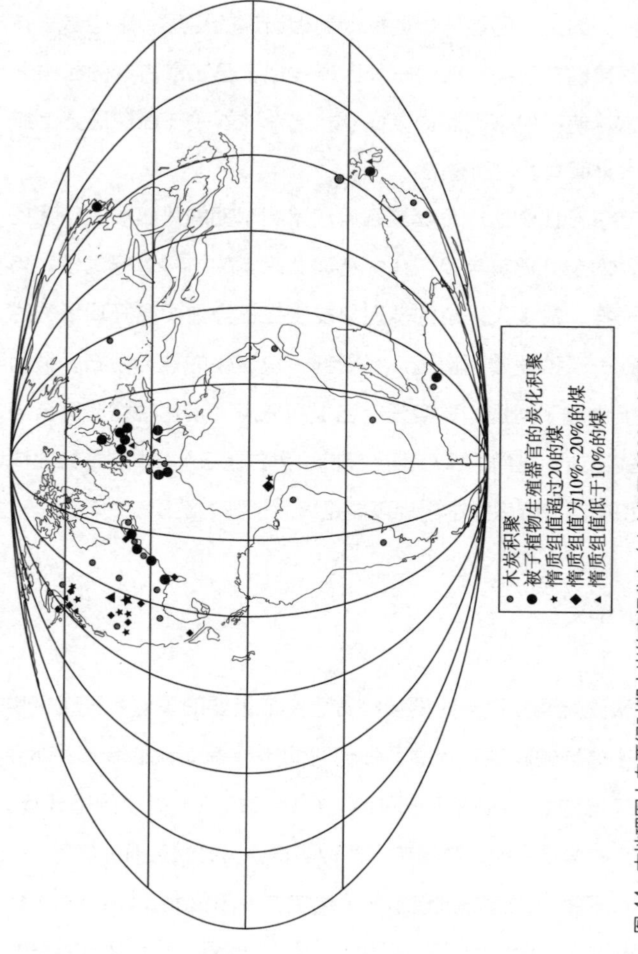

图 44　古地理图上白垩纪时期木炭的空间分布（1.4 亿至 6600 万年前）。

蕨类植物，这会让人想起英格兰南部的威尔登岩石。[20]这显然109是一个烈火纷飞的世界。钻孔是科学家研究沉积物和化石的绝佳方法，因为它们能巧妙地探测到相当深的岩层，这些岩层并不总是暴露在表面。在同一地区还发现了已知最古老的松树之一，这就使得如下观点得以成立：这个种群是在地球历史上的一场大火期间进化而来的。[21]

在参观比利时一个其岩石属白垩纪早期的采石场时，我找了一些木炭并把其与我们在怀特岛上采集的材料进行比较。和往常一样，最令人兴奋的发现总发生在正当你要离开现场的时候。在一条砂质岩河道里，我看到一块炭化的林地砂石，很明显它被冲进了河里。事实证明它里面充满了炭化植物，甚至还有一些昆虫，它们的保存相当完美（黑白图 9）。木炭在如此快速沉积的河流沉积物中出现可能是火后侵蚀的结果。

花的出现

毫无疑问，这一时期植物进化中最重要的事件是开花植物或被子植物的起源和传播。任何时间旅行者（恐龙除外）都会感到惊讶的是，在白垩纪早期，绿色和棕色主宰了周围环境，但到了白垩纪晚期，风景变得多种多样，有些景色五彩缤纷。

被子植物的起源被查尔斯·达尔文（Charles Darwin）称为“一个令人厌恶的谜”。[22]因此，从 19 世纪中叶到 20 世纪初，人们一直在寻找越来越古老的植物化石，以探寻这一重要的进化是何时发生的。1912 年，玛丽·斯托普声称她在英格兰南部的白垩纪早期岩石中发现了被子植物。[23] 毫无疑问，她发现的化石来自被子植物的木材。但不幸的是，她描述的标本来自博物馆收藏，其出处和形成年代都未确定。

110

在 20 世纪的大部分时间里，人们对最古老的被子植物提出不同观点，甚至有人认为它们是在两亿多年前的三叠纪时期进化而来的。不仅第一批被子植物的发现很重要，而且确定它们的多样化和传播的速度也很重要，因为是它们给地球带来了色彩。还有几种最古老的被子植物，有的来自中国，有的来自英格兰南部的威尔登岩石群。[24] 还可以用其他方法来寻找被子植物的起源：我们可以寻找它们特有的花粉。威尔登的孢子和花粉曾在 20 世纪六七十年代被研究过。正如我们所料，在最早的威尔登岩石中，被子植物的花粉是罕见的，但在向上靠近地表的距今更近的岩层里，花粉逐渐变得更加普遍和多样化。[25]

在美国，特别是在其东部地区，有几个白垩纪早期的岩石序列已发掘出了植物化石，这些化石以及在其中发现的花粉有助于提供被子植物进化和多样化的更详细的证据。在某些地层，有一种数量较多的单一植物物种（一种“单型集合”）是檫树（Sassafras）。[26] 这被认为是由于环境受到干扰造成的，而且非常肯定的是，在檫树生长的河床下面的一些地方发现了大量的化石木炭。

我们已经看到在瑞典发现炭化花的重大意义。这些植物来自一个大约 7000 万年前的白垩纪晚期的序列。其他沉积物情

111

况如何呢？对含有花的植物化石的更广泛搜索随之展开，其中许多被证明是以木炭的形式保存的。发现它们并不是一件很容易的事，因为这些早期的花通常很小，长度只有 1 毫米左右。在岩石表面发现或识别出小木炭颗粒的机会非常稀少。通常需要移除无数公斤岩石或沉积物，并带回实验室进行处理后才能找到保存下来的细小花朵。

在接下来的 20 年里，新的植物群不断被发现和记录，其中许多植物群化石里包含炭化花（黑白图 10）。[27] 有的沉积物中矿藏十分丰富，并含有其他植物；有些还含有木化石。含有花的炭化植物群很快在全球甚至远至南极洲被发现。尽管位于极地，南极洲在白垩纪时期还是被绿色植物覆盖着。[28]

112

显然，有许多白垩纪花卉化石，这表明开花植物在当时传播和多样化的速度非常迅猛（图 45）。同时，这也是一个大型火灾频发的时期。早期的被子植物似乎主要为草本植物，如檫树，它在受干扰的环境中长势良好，火当然就是一个主要的扰动因素。所以，火似乎帮助了最早的开花植物的进化和传播。[29]

火与恐龙

白垩纪时期的大火是如何影响恐龙族群的呢？一些恐龙骨床可能是火后侵蚀、洪水泛滥和快速沉积的结果吗？这个问题最早在怀特岛的研究中被提出来。其中一个主要的恐龙带，即棱齿龙（Hypsilophodon）带，含有化石木炭，但却没有足够

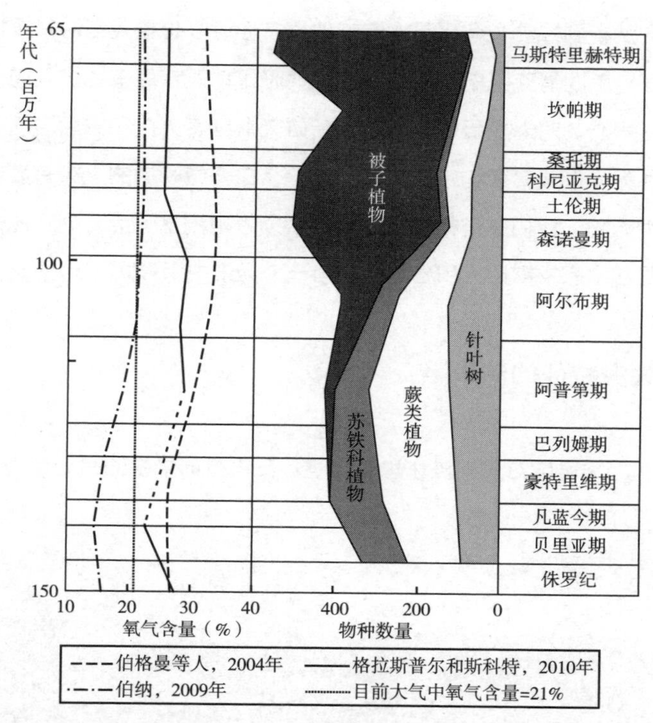

图 45　在高氧浓度和火灾频发的整个白垩纪时期，植被发生了重大变化。

的数据可以让我们得出任何明确的结论。

加拿大阿尔伯塔省的省级恐龙公园是地球上发现恐龙化石最丰富的地方之一（图 46）。许多恐龙化石在加拿大德拉姆海勒的泰瑞尔博物馆（Tyrell Museum）展出。从这些沉积物中没有发现木炭，但如果白垩纪火灾频发、烈焰纷飞，那么木炭就肯定存在。当我从博物馆出来爬台阶来到一个观景台时，

113

突然看到好几个有化石木炭的地层，你可以想象我当时有多惊讶！美国得克萨斯州和法国的其他恐龙地质带后来也被证明含有木炭。对恐龙骨矿物带的最新研究最终将火灾和灾后洪水事件列为形成骨矿物带的部分原因。[30] 白垩纪晚期的火灾有着重大影响，我们在重构生态系统时必须考虑到这一点。现在的一些艺术家常常把火和恐龙画在同一个场景中（彩图 13）。

火灾特征的演进

火可能对生物进化也有影响。在化石记录中的另一个大火

图 46　图为来自加拿大阿尔伯塔省恐龙公园的含恐龙化石的白垩纪晚期沉积物（9000 万年前）。

高发时期，即古生代晚期，我们认为植物为应对火灾进行了特征的进化。二叠纪时期的生物大灭绝本质上“重置”了这些特征的进化。我们知道现代世界的许多植物群落有应对甚至利用火灾的特征。[31]那么，这些特征是什么时候进化而来的呢？

直到大约 20 年前，想要弄清这些特征出现的原因，科学家只能对化石进行研究。分子生物学方面的进步引发了所谓的分子系统发育学的新发展。这种技术将生物之间脱氧核糖核酸（DNA）代码的差异和近似的突变率作为分子钟，使我们能够推断出群体之间的关系，并估计它们是在何时从共同的祖先那里分裂出来的。我们可以用这种方法来追踪特定树枝的耐火特征的起源。对松科植物的这类分析表明，像耐火树皮这样的特征起源于白垩纪的大火时期。[32]山龙眼科植物，即包括班克斯花（Banksia）在内的一种开花植物，也有许多可以追溯到白垩纪时期的耐火特征。[33]这个基于现代植物的脱氧核糖核酸测试的结论，已被来自澳大利亚白垩纪岩石中最早的山龙眼科植物化石所证实。[34]最早的松树也是在加拿大以木炭化石的形式被发现的，使这一种群直接与野火联系在一起。以上两线的证据清楚表明今天许多植物的耐火特征起源于白垩纪，这进一步有力地证实了白垩纪确实是一个烈火熊熊燃烧的世界的观点。

火灾可能以其他方式影响生态系统。对现代野火的研究表明，火灾可能会影响磷元素的循环。正如所有园丁都知道的那样，磷是植物生长所必需的营养物质——它是一种重要的肥料。李・坎普（Lee Kump）展示了火对磷循环的影响。[35]如果在

115

火灾中磷被燃烧，它有可能被转移到其他环境，并影响那里的植物生长。如果白垩纪有规模非常大的系列火灾，这可能导致磷暂时流入海洋环境。这将导致海藻的快速和广泛生长。这种生长迅速但寿命短暂的植物的腐烂会耗尽水中的氧气，导致海洋缺氧。这种缺氧间隔期以富含有机物质的黑色页岩的形式出现在岩石记录中，并且早期研究表明其中一些可能会证明发生了火灾。

那么 6600 万年前的白垩纪晚期的世界会是什么样子呢？显然，就植被而言，这是一个更加现代的世界，整个景观中既有针叶树也有开花树，但它仍然是一个由恐龙主宰的世界。我们唯一想知道的是：在这个大火肆虐、大片植物被定时烧毁的世界里，恐龙是如何生存下来的。

一场全球性大火

恐龙的灭绝一直是科学家和普罗大众着迷的话题。1980 年，在白垩纪 - 古近纪交界的沉积物中发现了一层薄薄的铱元素，那只可能来自小行星撞击，这指向一个可能的原因（图 47）。[36] 这一说法并非没有争议，尽管墨西哥的希克苏鲁伯陨石坑后来被确定为撞击地点，但对于撞击是否是白垩纪晚期生物大灭绝的唯一原因，仍存在一些分歧。这一时期还爆发了大规模的火山活动，大量熔岩涌出，形成了现在印度德干暗色岩（Deccan Traps）的平坦地形。这种火山活动也会对大气产生深远的影响，并且还会改变气候。与我们的故事紧密相关的是，在撞击假说发表后不久，一些研究人员提出，在小行星撞击地球之后，发生了全球性大火。[37] 这个假设是基于在世界几个地方的深海遗址中发现了烟尘。这个想法很有吸引力，并且流行开来。所以，即使在今天，大多数对希克苏鲁伯撞击的模拟复盘也包括了一场全球性大火。但这是真的吗？ 116

对此，我表示怀疑。这种说法存在两个问题：第一个是我

图 47　在美国发现的白垩纪 - 第三纪（以前为 K/T）交界（6600 万年前）的情景。边界层（白色）含有来自小行星撞击的小熔球。然而，火灾在白垩纪频繁发生，所以并无证据证明小行星撞击地球后产生了全球性火灾。

117 们对火灾如何引发和蔓延的了解；第二个是证据本身的性质。正如我们在第一章中谈论到的，火并不是在所有生态系统中自然发生的。火燃烧的可能性取决于三个因素——燃料、湿度和火源。必须有足够的燃料，火才能被点燃和蔓延。我们已经看到，燃料分布不均时，火因燃料耗尽而熄灭。我们还发现，燃料的水分含量也至关重要。如果燃料水分含量太高，那么火就不会燃烧——因为所有的热能都用于蒸发水分，而不是分解纤维素和木质素来提供可燃气体。有些地方特别潮湿，要让它们变干可能需要相当多的热量。然而，正如我们已经看到的那样，如果大气中有比今天更高的含氧量，就可能使更潮湿的植物燃烧起来。但即使那样，也不是所有的植物都会着火。

着火后，火势会蔓延。但有湖泊和河流等自然屏障，也有些植物生长在靠近水边的非常潮湿的土壤中，很难想象火怎么能在所有地方同时发生。因此，发生一场全球性的大火似乎不太可能。如果所有的植物都立刻被点燃的话，产生的火焰会非常炽热，所有的动物都会被这样的大火烧死，即使是那些钻入土壤的动物也难以幸免。

大火还会带来其他后果。特别是大面积的植被将被毁灭，从而导致大面积的灾后侵蚀。我们应该看到过烧过的泥炭表面和数量相当庞大的来自鲜活植物的木炭。在白垩纪－古近纪交界的五个地方发现的木炭有一半以上来自腐烂的植物碎片，而不是活体植物。而且，没有证据表明在其他流星撞击地球后发生了重大火灾。[38]

支持发生过全球性火灾的证据是地质边界层中的烟尘量和燃烧后的地球化学标志物，而且这两个标志物都来自海洋。但是我们知道，在白垩纪晚期，火灾频繁发生，火灾标志物，包括木炭，可以很容易地被运输到海洋。烟尘沉积需要明确与撞击层相关联，而不是在撞击之前或之后立即发生火灾的结果，因为死亡的植物易燃，可能被闪电点燃。运输、沉积和保存也会导致海洋环境中的集中效应。

118

那么来自陆地的证据呢？美国新墨西哥州有个地方叫作苏加里特（Sugarite），那里的冲击层是在煤层中发现的。这有助于确定撞击前、撞击中和撞击后木炭（惰质组）在煤中的分布情况。在两个地质时代交替时间前后都发现了大量的火灾证据，在边界处不是特别集中，这不足为奇（至少对我来说如此）。同时也没有燃烧的泥炭表面或火后侵蚀的证据。[39] 这是距离与希克苏鲁伯撞击陨石坑有关的最近的陆地遗址，因此可能受到的影响也是最大的。[40] 尽管我们有所怀疑，但在陆地上小行星撞击边界地点的木炭分布方面还需要更详细的工作。我和我的同事玛格丽特·科林森以及我们的研究生克莱尔·贝尔彻开始了一系列横跨北美的从美国南部到加拿大边境的研究。跨越边界的大量岩石也被挖掘出来。把这些岩石切割和抛光横截面，我们就可以研究岩石中的木炭带，并准确地知道它们相对于冲击层的位置。

这项工作证实，木炭出现在两个地质时代交替之前和之后。尽管在撞击层中发现了一些木炭，但它们的性质并无不同，也

119

没有更高的聚集度。[41] 当然，撞击层是在较短的时间内沉积的，但是正如我们已经从现代野火研究中看到的那样，在野火发生后，大量的木炭可以非常迅速地积累。同样，这里没有受热表面或任何火后侵蚀沉积物的迹象。[42]

支持曾发生全球性火灾的观点持续存在的一个原因是：小行星撞击的早期模型表明，撞击会产生非常高的温度。当然，反方观点认为，即使温度过高，那么一定是发生重大火灾造成的吗？但是，随着模型的不断改进，计算出的温度后来被向下修正了。[43]

烟尘和燃烧的地球化学标志物的证据呢？新的研究表明，有许多烟尘颗粒是化石燃料燃烧的特征。[44] 小行星撞击的岩石里被发现含有矿物燃料沉积物，这些沉积物可能在撞击过程中蒸发掉。此外，从陆地上采集的地球化学标志物的成分更像化石燃料燃烧形成的，而不是来自活的植物燃烧。[45]

所以我们现在似乎达成了很好的共识。在白垩纪 - 古近纪交界前后的数百年中，系列火灾反复发生。大多数科学家认为，一些局部火灾可能是由小行星与地球撞击引发的，但其产生的温度不够高，持续时间也不够长，无法导致全球性火灾。然而，这个说法可能会被持续争论下去。[46]

⑥

火与现代世界的到来

在白垩纪－古近纪交界之后又出现了什么样的世界呢？我们通过研究美国许多地区，发现了频繁野火延续到古近纪最早期的证据。但是在白垩纪－古近纪交界生物大灭绝恢复后，大气含氧量发生了什么变化呢？它还保持在现代水平之上吗？地球还处在一个烈焰纷飞的世界吗？如果火灾依然存在，木炭记录中有什么证据可以证明？我们对燃烧的植被又有何了解？

在最初编撰煤炭数据库中的木炭数据时，非常重要的是我们如何记录和展示我们的数据。古新世早期至中期（6500 万至 5500 万年前）的煤在煤炭文献中通常被称为“第三纪最早期”的煤（第三纪我们过去称为古近纪和新第三纪，从大约 6500 万年前一直延续到 100 万年前）。然而，众所周知，那些更接近始新世早期的煤，也就是距今 5500 多万年前的煤，很难确定其年代。这是我们在许多煤层序列中遇到的问题，因为它们沉积在陆地上，而大多数用来确定年代的化石是在海洋水域中发现的。

这个时代的许多煤通常被简单地记录为来自古新世晚期或始新世早期。完整的测年信息显示，古新世的煤都倾向于具有高惰质组（木炭）含量，一般远高于 19%。然而，到始新世中晚期（5000 万至 4000 万年前），全世界的煤炭中木炭含量都很低，约为 5%，有的甚至更低。因此，在这个时候，整个地球系统一定发生了根本性的变化。

另一个问题是我们选择展示数据和显示计算氧含量曲线的方式。为了获得足够的数据来绘制曲线，我们决定用 1000 万年为时距单位。这对于古生代与中生代过渡时期，包括发生在 2.5 亿年前的二叠纪生物大灭绝来说不是问题。这些数据被放在两个时间箱体里，包括 2.6 亿至 2.5 亿年前和 2.5 亿至 2.4 亿年前的数据，古生代－中生代交界的变化清晰可见。但是白垩纪－古近纪交界（从中生代到新生代的过渡期，包含了白垩纪－古近纪交界的生物大灭绝时期）出现在大约 6600 万年前，而古新世－始新世交界出现在 5600 万年前——因此覆盖了 7000 万至 6000 万年前和 6000 万至 5000 万年前的时间箱体都包含了主要的地质时代交界线。它们之间的变化在我们的系统中并不明显。尽管如此，对无可争议的古新世数据（主要来自古新世最早期）的分析表明当时的氧含量很高，但始新世中晚期的数据表明当时的氧含量稳定，跟目前的差不多，为 21% 左右。

事实上，在大约 5000 万年前，地球似乎进入了一个含氧量与现在相同的世界，因此含氧量不再是影响野火活动的重要因素。

那么古新世呢？我一直对如下两个事实感到惊讶。首先，尽管在古新世的煤中普遍存在木炭，但文献中并没有关于古新世沉积物中的木炭记录。其次，也没有关于古新世炭化花的记录，尽管事实上许多描述都来自白垩纪。也许是没有人真正研究过？在耶鲁大学访学期间，我给同事们提出了一个挑战：选择一些古新世沉积物样本，我打赌至少其中一些样本中会有一些木炭。果然，这种说法被证明是真的。在来自耶鲁大学和华盛顿史密森尼学会（Smithsonian Institution）收集的标本中发现了优质木炭，从解剖学角度看这些木炭显示出了极好的保存状态。这些材料仍在等待一位热心研究者的跟进。

5600 万年前的古新世和始新世的交界是通过埃及的一系列海相岩石来确定的。使用特点鲜明的化石来帮助确定地质年代交界线一直都是一种惯例。然而，在这种情况下，我们决定尝试一种非常不同的方法，涉及同位素（isotopes）（即一种化学元素的不同形式，它们拥有的中子数量不同）。因为我们对海洋化学的理解和测量特定类型化学变化的方法有了进步，所以，这种方法在过去几十年里才能得到应用。

同位素地球化学领域近年来发展非常迅速，特别是人们对稳定同位素非常感兴趣。放射性同位素经历放射性衰变，这可以用来确定岩石的绝对成矿年代。但是稳定同位素的比例可能会因环境而异，然后可能会被整合到植物和动物的骨骼中。这意味着我们可以利用植物和动物化石中这种同位素的比例来探测它们生长或生活的时代环境。

碳有三种主要的同位素，分别有 6、7、8 个中子。这些同位素根据其原子质量（质子和中子的总数）分别被描述为碳 12、碳 13 和碳 14（或 ^{12}C、^{13}C 和 ^{14}C）。碳 14 具有放射性，半衰期只有 7 万年左右，因此对测定考古文物的年代很有用。到目前为止，碳最常见的同位素是碳 12 和碳 13。这些同位素是稳定的，而碳 12 是最常见的。动物和植物在生长过程中会优先将较轻的同位素碳 12 吸收到它们的骨骼中。碳以循环的形式存在于地球系统中，一些碳以富含碳 12 的有机物形式被掩埋，而其他碳通过火山活动被释放到大气中，因此大气和海洋中的总体碳同位素成分会发生变化。换句话说，碳 12 和碳 13 的比值（$^{12}C/^{13}C$）不是常数。我们了解到，随着时间的推移，这一比值（$^{12}C/^{13}C$）发生了许多变化，在某些时期，这一数值远远偏离正常水平。这被称为主要的碳同位素偏移（isotope excursion），表明对地球系统有着重大干扰。由于这种偏移可能是全球性的，所以我们可以用它们将不同时期的岩石关联起来。在古新世 - 始新世交界的岩石中可以观察到这种偏移。一个很好的例子是，埃及达巴比亚的一组海洋石灰岩就被选中来定义国际地质年代表（见附录）。

124

在临近古新世 - 始新世交界，显然有什么东西扰乱了地球系统。但那是什么？使用碳同位素偏移的优点是它在海洋化石中和陆地化石中都可以被找到，从而解决了海洋序列中常用的相关化石在陆地上没有发现的问题，反之亦然。我们有史以来第一次可以比较发生在海洋和陆地上的事件。

对海洋贝壳化石和石灰岩化石的同位素研究表明，氧同位素也在这个时候发生了变化。与此有关的氧同位素是稳定同位素，即氧16和氧18。这些氧同位素的比值受温度变化的影响，可以从贝壳和海洋沉积物留下的记录中获得。[1] 这些研究表明，全球气温在始新世早期出现了快速、短暂的上升。这被命名为古新世-始新世极热期（以下缩略为PETM）。在这场可能持续了不到2万年的地质事件中，全球气温被认为上升了5℃至8℃。这一全球变暖时期的最初期的温度上升了大约5℃，从地质学角度来说温度上升得非常快，但这可能只花了2000年时间。

从PETM开始通过对全球同位素移位的研究我们制定了一幅非常详细的全球温度变化图。即使在始新世，全球温度也有较小幅度的扰动，但是在短暂的温暖期之后，地球不可避免地经历了平均温度的下降，从一个“温室”世界到了一个“冰室”世界。

关键问题仍然存在：为什么会出现PETM，它对生命和地球环境有什么影响？我们今天生活在一个气候快速变化的时代。当我们努力应对燃烧化石燃料导致的大气二氧化碳浓度上升以及由此导致的全球气温上升时，我们从PETM中学到的经验教训变得尤为重要。

气候快速变化的最初罪魁祸首可能是海底释放出的甲烷。

甲烷是比二氧化碳更强大的温室气体。[2] 不是每个人都对这个观点持支持态度，因为其他计算表明，陆地环境中一定也有碳的释放。[3] 另一个观点是，许多泥炭地受到野火的影响，导致全球大气中的二氧化碳水平迅速上升。[4] 这是另一个可能与火灾有关的地质时代交替期事件。

多年来，我一直与同事讨论始新世的火灾。但经过 30 多年的努力寻找，几乎没有在任何始新世沉积物中发现木炭——这一事实令我们所有人都非常沮丧。地质学家们研究了古新世 - 始新世交界前后的植被化石，但没有人确切地知道交界期出现在何时，也没有人知道碳同位素偏移是否能在这些化石剖面中被识别出来。

我们在英国南部即将取得突破。目前，英国南部位于北纬 51 度，但大约 5500 万年前该地位于北纬 40 度，相当于今天的地中海中部的位置。当时的天气也比现在更暖和。

20 世纪末的主要基础设施项目之一是修建跨越英吉利海峡的英法海底隧道。很明显，通往隧道的铁路线不够，所以需要一条高速铁路。我们现在喜欢坐在高铁座位上，看着窗外的世界呼啸而过。但是，现在有多少在那条路线上飞驰的人会意识到，其中的一个隧道路堑是古新世 - 始新世交界的重要线索?

英国发现的第三纪的厚褐煤（lignite）或煤层很少，这一事实令人失望。英格兰南部有一个被称为“科巴姆褐煤”的小矿床。这是一种非常薄且不透水的褐煤矿，仅在伦敦南部发现，暴露在地面的那一部分并不是很好。因此，当接到报告说建筑工人在科巴姆褐煤周围切割沉积物时发现了一个厚厚的褐煤层时，玛格丽特·科林森和她的同事们赶到了现场。在刚刚发现的地质场地工作并非易事。就考古遗址而言，英国政府有相关立法，允许可能持续几天的救援发掘，有时甚至几周或几个月。但是地质遗迹没有这种法律保护。事实上，幸运的是承包商允许任何人进入那里。地质学家们有一天的时间来记录这个遗迹并完成取样工作。

127

这可不是一项简单的任务。科学家们很快意识到了这个遗迹的潜在影响巨大。如果碳同位素偏移能在英伦诸岛的陆地化石中发现，它也应该在这里的化石中发现。但是如何取样是个问题。我们知道同位素偏移代表了非常短的时间间隔，而泥炭需要相当长的时间才能形成。因此，偏移很可能发生在非常薄的地层。仅仅抓几袋褐煤来研究是不够的，但是该怎么办呢？在给定的一天时间之后，这个地方将会被混凝土覆盖起来！因此，科学家们不得不试图从切割的一侧移走用石膏包裹住的褐煤块，并将其带回实验室进行进一步研究。

首要任务是分辨岩石的序列并进行同位素分析，以查看是否有任何碳同位素偏移的迹象，如果有，找出它可能位于何处。当一些松散的褐煤块被收集和裂开后露出了化石木炭时，科学家们更加兴奋了。此时，玛格丽特·科林森邀请我过来参加这个项目的研究，因为我对煤和木炭的研究有丰富的经验。

同位素分析的结果表明，在褐煤下部的碳同位素记录有相当大的扰动，该记录以精细层或叠层的形式存在，并且包含独特的木炭层。褐煤的最上面部分是块状的，且不含任何可识别的木炭。PETM 时期的碳同位素偏移是在英国南部发现的吗？如果是这样的话，火与泥炭形成的方式以及与全球快速变暖时期有什么关系？[5]

通过进一步对同位素的研究，我们能够证实在层状褐煤中有一个独特的偏移现象。这被确定为从 PETM 时期开始。但是，为了获得这一时期发生了什么的线索，我们需要在显微镜下检查褐煤 [岩相学（petrography）]，并更详细地观察木炭的分布情况。在这种情况下，地质学家们当时急中生智带回大块褐煤的做法被证明是非常有帮助的。

遵循传统的煤岩相学分析方法是没有意义的，因为在传统方法中，煤会被压碎，所以获得的数据是平均值。毕竟，在岩石薄片中同位素偏移是通过非常薄的褐煤单元来展示的。相反，我们制作了整个岩石序列的一系列连续大尺寸完整煤块的同位素偏移图，这样可以标出任何变化的精确位置。选择完整煤块而不是碎煤块来做同位素偏移是正确的决定，这不仅仅是因为碳偏移层很薄。煤在浸渍过程中出现的一些焦煤看起来好像来自蕨类植物。但是，当煤从泥炭转变为褐煤时，随着泥炭被压实，煤中的木炭层很容易被压碎，因为木炭比周围的泥炭基质易碎得多。事实证明，不从褐煤中提取木炭是正确的。

在那个照片剪辑软件还未出现的时代，为了将形成木炭的整个植物器官成像，我们必须用低放大率（10 倍）镜头拍摄大量照片，然后用计算机绘图程序费力地将它们合在一起。蕨类植物叶子或叶柄的整个横截面的图像之一是56张单一照片拼接在一起的结果——这对我们的博士后研究员大卫·斯蒂尔特来说是一次真正充满爱心的劳动（黑白图11）。[6]在此之前，很少有煤岩学家意识到大型植物器官可以用这种方式保存。

我们的岩相学研究证实，木炭只在煤的褐煤层剖面下部常见，在这里发现了同位素偏移。尽管也有一些被子植物，但这里的木炭主要还是来自蕨类植物。木炭呈带状出现，表明发生过大量的火灾事件，随后是火后侵蚀。[7]蕨类植物是典型的再生植物，火灾可能已经频繁到足以阻止树木在生态系统中的生长和占据支配地位。但是我们没有发现有泥炭的证据，如果这是因为同位素碳偏移，那我们可能早已预料到了。

相比之下，在PETM开始时期上方的块状褐煤中几乎没有发现木炭。这种煤是草本植物腐烂后形成的，因为它富含腐烂的叶子、角质层和草本组织。这一变化可以解释为当时的水文（水情）发生了变化，PETM时期的降雨量增加造成了火灾减少、径流增加和内涝现象。[8]但是有没有其他证据表明此时降雨量增加了？或者这仅仅是局部变化？来自谢菲尔德大学的大卫·比尔林（David Beerling）总是热衷于模拟不同的场景。他在一次模拟过程中展示，可能在PETM开始及期间降雨量会增加，或许这里就存在一些支持这种观点的证据。[9]

通过检查显微镜下的孢子和花粉记录，我们可以发现英国岩石序列中植被的任何相关变化。这证实了我们从层状褐煤中了解到的情况——正如预期的那样，蕨类孢子占据了主导地位。[10] 这些是非常独特的孢子，为无突肋纹孢属（*Cicatricosisporites*），可能来自真蕨目海金沙科。PETM 期间植被本身的特点是蕨类植物的消失，火灾停止，湿地植物增加。湿地植物包括属于柏树科（柏科）的针叶树和更多样的开花植物群落，其中也包括棕榈树。[11] 不幸的是，我们不知道这些是什么类型的棕榈树，但我喜欢把英格兰南部想象成一个曾经很温暖的、棕榈树在风中摇曳的热带天堂！据计算，上部的块状褐煤形成于 PETM 期开始后的 4000 至 12000 年，这时的植物群落变得更加丰富，但在许多方面与下部的植物群落非常相似。在科巴姆，我们看不到接下来发生了什么，因为随后的环境非常不同，没能很好地保存孢子和花粉，还包含了一些海相沉积物。

如果在 PETM 期间，环境、火灾、植被和水文都发生了变化，那么通过观察从煤中提取的有机化合物，我们可以了解到什么？他们含有 PETM 的产生原因或其影响的线索吗？我们得到了布里斯托尔大学以里奇・潘科斯特（Rich Pancost）为首的有机地球化学家的帮助，他们一直致力于研究生物标志物。这些化学物质来源于已知的生物，因此表明它们以前曾存在于岩石中。这类化合物中的一类是藿烷类化合物，来自细菌。布里斯托尔小组不仅能够追踪到我们样本中藿烷类化合物的分布情况，还能追踪到它们的碳同位素值的变化，这将让我们知道许多在这一重要时期发生的环境事件。我们特别有兴趣了解当时湿地生态系统发生的变化。

正如我之前提到的，有迹象表明大气中的烈性温室气体甲烷迅速增加，部分导致了全球变暖。其中一些甲烷可能来自海洋中甲烷水合物的释放，还有一些甲烷可能来自高纬度湿地，但这缺乏直接证据。PETM 期开始时科巴姆岩石中藿烷类化合物的碳同位素值表明当时以甲烷（甲烷氧化菌）为食的细菌数量有所增加。这是甲烷量增加的证据，正如气候模型所表明的那样，这可能是由气候变暖和变湿驱动的。陆地释放的甲烷可能是一种正反馈机制，越来越潮湿的气候会导致更多的甲烷释放，进而导致全球变暖。[12]

131

5500 万年前，大气中的氧浓度似乎已经稳定在 21% 的现代水平。火灾的控制在当时主要依赖降雨，而不是像现在这样靠含氧量来控制，因为潮湿的气候会导致火灾活动的减少。已经有一些研究表明，始新世的气候变得更加湿润、更加季风化，并且热带雨林已经进化形成并广泛分布。今天我们知道，火并不是热带雨林系统的自然组成部分。那么，我们在哪里可以找到更多的数据?

德国舍宁根的一个露天煤矿可以为我们提供进一步证据。令人奇怪的是，它曾横跨西德和东德的边界。即使在今天，有一些边界围栏仍然在矿井旁边。众所周知，煤矿序列包括古新世 - 始新世交界，并延伸到始新世早期，而且一些煤中的木炭比其他煤的木炭更丰富。[13] 我们可以制作一幅直到始新世早期（大约 4800 万年前）的图像，这远远早于科巴姆褐煤不复存在的时代。

站在露天煤矿的边缘看，煤矿的规模之大，令人难以言喻（图48）。该煤矿暴露出11个煤层，位置较低的主煤层厚约10米，而整个含煤层厚约170米。这一煤矿序列沉积于北半球的热带海洋边缘。的确，我们在这个序列的顶部看到了有根的棕榈树。这些岩石显示出三个被海水周期性淹没的主要序列，其中低海岸地区在洪水后再次变成泥炭地。

132

要走很长一段路才会到主矿层，在这里可以拿到岩石样本（共三批，分别用于岩相学、同位素地球化学和孢粉学研究），然后通过显微镜下的花粉和孢子来鉴定植被类型。这是一项艰苦而且经常会弄脏衣物的工作，但我们还是收集了大量的材

图48　来自德国舍宁根的始新世（5500万至5000万年前）褐煤（深棕色煤）。这个矿井暴露出好几层厚厚的褐煤层。

料。幸运的是，我们至少设法将一部分收集的材料拖出了矿井。在撰写本书的时候，我们的研究还没有完成，但我们已经取得了进展。解释当时温度的新方法表明，始新世早期，位于北纬 48 度这一地区的陆地年平均气温为 23℃至 26℃。[14] 来自德国舍宁根的证据表明，火灾在这一序列的下部起了重要作用。总的来说，虽然木炭的丰富度与之前白垩纪等时期火灾频发的世界相关性不高，但在古近纪最温暖时代——即古新世晚期和始新世最早期的 PETM 交界期——野火的发生频率还是高于今天。[15] 正如我们所注意到的，那时，大气中的含氧量已经趋近现代值，降水和湿度成为控制野火的主要因素。降雨量的增加促使植被茂盛生长，随之而来的干旱则会创造一个富含干燃料的环境，如果湿度足够低，野火就很容易在其中蔓延。

大约 5000 万年前，也就是始新世开始几百万年后，木炭的丰度下降到与现代泥炭地相似的水平。向现代低火灾世界的过渡似乎发生在始新世早期，来自全球各地的记录证实，4500 万年前，火灾系统的运行与今天非常相似（图 49）。

在始新世之后的一段时间里，几乎没有可用的信息，但我们已开始看到一些孤立的记录，煤中的木炭含量被视为惰质组，这表明有一个正常的有火灾的世界——而不是没有火灾的世界。因此，我们在这段时间内缺乏有火灾的证据，是由于我们自己没有找到，而不是真正没有证据。还记得在 40 多年前，我第一次参观科隆附近的大型露天煤矿，这些煤矿中有开采厚度超过 50 米的褐煤，形成于大约 1500 万年前的中新世时期，我当时

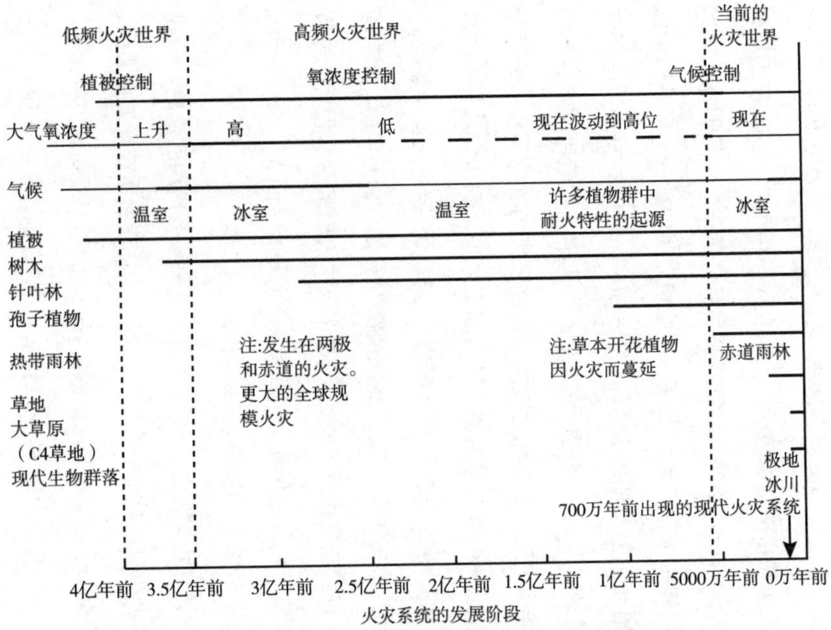

低频火灾世界
高频火灾世界
当前的火灾世界
植被控制
氧浓度控制
气候控制
大气氧浓度
上升
高
低
现在波动到高位
现在
气候
温室
冰室
温室
许多植物群中耐火特性的起源
冰室
植被
树木
针叶林
孢子植物
热带雨林
草地
大草原（C4草地）
现代生物群落
注:发生在两极和赤道的火灾。更大的全球规模火灾
注:草本开花植物因火灾而蔓延
赤道雨林
极地冰川
700万年前出现的现代火灾系统
4亿年前 3.5亿年前 3亿年前 2.5亿年前 2亿年前 1.5亿年前 1亿年前 5000万年前 0万年前
火灾系统的发展阶段

图 49　火灾系统在不同地质时期的发展阶段，上图展示了植物进化过程中的重大创新，也展示了从低频火灾到高频火灾的世界，再到当前的火灾世界的变化。

还从煤层中收集了木炭。的确，这一时期的木炭不像石炭纪的煤那么丰富，但它确实存在，而且很明显。最近，有火灾的证据来自澳大利亚渐新世 - 中新世（3400 万至 800 万年前）的煤。研究人员认为一些沼泽植物适应了火灾，它们可能是我们今天在澳大利亚看到的耐火植物群的祖先。[16]

135

如果想获得更连续的图像，也许我们应该去关注海洋核心的沉积物。正如我们所看到的那样，木炭可能会被风带到一定的距离之外，这可能会至少为我们提供一些生物质燃烧的记录。美国研究员 J.R. 赫林（J.R. Herring）主要从事该类型的研究。1985 年，他发表了一篇研究太平洋和大西洋一系列岩芯的重要论文。他指出，这些海洋沉积物表明在过去的 5000 万年里发生了大量的火灾。[17] 他还指出火灾发生了变化，在过去 700 万年左右的时间里，火灾数量增加了（图 50）。随后的工作也表明，在过去的 1000 万年里火灾活动发生了重大变化。为什么会这样呢?

草原的影响

136

似乎在过去的 3000 万年时间里，世界气候总体来说变得更加干燥。关于这个时期植被发生了哪些变化，我们最初的线索之一来自碳同位素记录。1993 年，美国的瑟尔 · 塞林（Thur Cerling）发表了一篇具有里程碑意义的论文，指出大约 700 万年前，地球碳同位素值发生了重大变化。[18] 我们知道，具有不

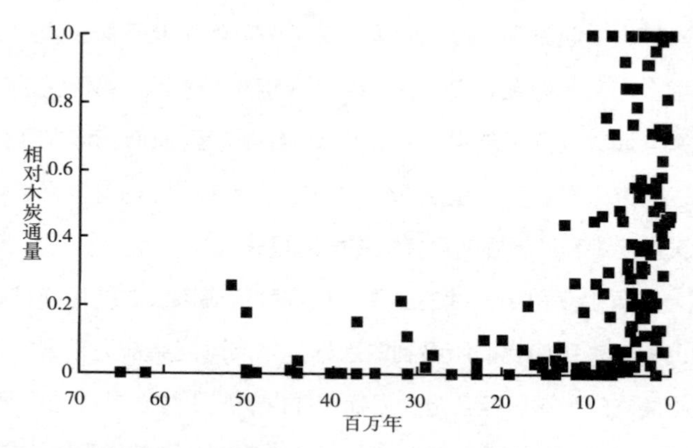

图 50　海洋沉积物中木炭通量的增加，表明热带草原火灾的增加。

同代谢途径的植物以不同的方式在碳同位素（分馏）之间进行选择，因此使用 C3 代谢途径的传统植物与那些进化出 C4 代谢途径的植物相比，具有不同的同位素比值（$^{13}C/^{12}C$）。C4 代谢途径的成功进化使被子植物在更干燥的环境中茁壮成长，能在更干燥的环境中成长是今天的草的一个特征。

人们对草和草原的进化产生了浓厚的兴趣，很难相信它们是在相对较近的历史上才进化成功的。草原（相对于单个草种而言）可能起源于渐新世，距今不超过 3000 万年。具有 C4 代谢途径的草原在随后的中新世和上新世形成大面积的稀树热带草原。热带草原生物群落的扩大和持续的一个原因可能就是火灾。[19]

一个最具视觉说服力的关于火灾是导致因素的论点来自一

个没有火灾的世界里的植物模型。[20] 这种模型模拟表明，如果排除火灾，那么热带草原将会消失，恢复为灌木丛或森林。此外，如果经常发生火灾，那么草原上的高温火焰将足以烧死灌木和其他树木的幼苗。但是，如果火灾的间隔时间超过 10 年，那么长大的幼苗顶端可能会超过火焰最高处，从而能让它们存活下来，并导致灌木林取代草地，最后灌木林又会成长为森林。热带稀树草原的兴起也在我们人类进化的故事中扮演了一个角色。

从 1000 万年前开始，全球气温下降，使地球从经历了 2 亿多年的温室世界变成了一个“冰室”世界。甚至有证据表明南极洲在 200 万年前就有植被存在。[21] 因此，南极冰盖的扩张是相对较新的，部分原因可能是德雷克通道的开启和海洋环流的变化，以及印度板块与亚洲板块的持续碰撞导致喜马拉雅山不断升高。[22]

解码近代火灾史

我们在化石记录中寻找火灾的大部分工作都与人类的进化有关，因为只有人学会了控制火，我们将在第 7 章对此进行研究。在这里，我想思考一下如何揭开离我们最近的火灾的历史。到目前为止，我们的叙述基于两种主要的证据形式：一是在沉积物中发现的宏观木炭，二是在煤中发现的木炭。这些木炭被记录为惰质显微组分，包括丝质组和半丝质组。如同我们在目前的地质柱中看到的那样，相关数据大大增加了。最近这段时间的主要关注点是了解进入冰河时代的影响。为此，我们有必要整合关于气候和植被变化的研究。

最明显的方法是观察泥炭和湖芯岩，并观察生活在该地区的植物的孢子和花粉。随着我们进入更近的时代，许多我们熟悉的植物出现了，这些植物在过去大约 100 万年中的分布和数量似乎受到了气候的控制。为了理解过去这些事件的同步性，需要为正在研究的序列建立一个精确的年代模型。在远古时代，考虑以百万年或以千万年为单位的地质变化就足够了。但当我们开始研究离现在较近的情况时，我们需要以千年而不是以百万年为单位来思考。

138

可以在抛光的岩石制成的薄片上计算木炭颗粒的数量，但解释可并不简单。如果我们不确定一个单位时间，那么一个层级或地层如何与另一个进行比较？在过去的 700 万年中木炭的增加是否表明世界上发生了更多的火灾？或者仅仅是木炭的积累和保存方式发生了变化？

木炭的获取、研究和量化有多种方式，有些人对这种方法持有异议，但总的来说，这种方法已产生了可信的结果。问题之一是，木炭颗粒是由什么构成的？我们从现代火灾中看到，它们可以产出各种尺寸的木炭，从微米（10^{-6} 米）到超过 1 厘米的任何尺寸。当一个大的木炭碎片被掩埋时，特别是如果它是在高温时产生的，它就会因沉积物随着时间的推移不断承压而更容易断裂，在样品的处理过程中这样的木炭也容易折断。我们还可以考虑木炭的体积，但从现代火灾研究中，我们再次发现木炭的体积是可变的。还有一种假设是，大的木炭碎片更能表明火灾发生在附近。如果我们只处理被风吹送的木炭，情况可能确实如此。但正如我们已经看到的那样，在水中，较大的木炭块可能需要更长的时间下沉，并且可以漂移更远距离。

尽管存在这些问题，但木炭数据主要是从同一环境和同一过程形成的序列中记录下来的。例如，如果有一个湖泊在以稳定的速度，或者至少是可以精确确定的速度积累沉积物，那么沉积物中木炭的突然增加就可以用来解释火灾事件，至少是发生在当地的火灾。我们可以用同样的方法来解释泥炭沉积的原理。

139

另一个困难是如何比较来自世界不同地区的数据，研究人员已经对这些数据进行了研究，他们使用了不同的方法来获取这些数据。我们成立了一个研究人员工作组来解决这些问题，从而产生了一个主要涵盖过去 7 万年的全球木炭数据库。这些数据每天都在增加，数据库现在可以在网上供所有人使用。[23] 这些数据以数学公式进行转换，以便对记录进行比较。当将这些转换后的数据放在一起考虑时，可以用来观察区域内甚至全球范围内火灾历史的变化（图 51）。不幸的是，这些信息并不能帮助我们解决那个时期关于火灾的所有问题。事实上，我们还想知道，在任何一个地方什么样的植被正在燃烧，它与气候变化和植被变化的关系，以及人类整理土地和

140 土地用途变化引起的变化。也许我们在宏观木炭研究方面取得的进展会在未来有所帮助，这些进展使我们能够发现燃烧过的东西。

还有其他线索可以揭示最近的火灾历史。正如我们曾提到过的，当火灾穿过森林时，许多树木不会被烧死。火通常只烧穿树干基部的一侧，树木的生长还会继续。当树被砍倒时，除了年轮，我们还能看到火留下的伤痕。我们可以建立一个树木年轮年表，用它来解释每年的火灾历史，不仅是在一片森林中，而且在更广泛的地区也可以做到（图 52）。这项技术的美妙之处在于，火灾事件可以与气候变化联系起来，这些变化记录在树木年轮宽度的变化中，也与木材所形成的碳的同位素变化相联系。

141 一些最古老的火痕及树木年轮历史是从北美西部的美国红杉树国家公园获得的。[24] 基于这些数据，我们可能发现 3000

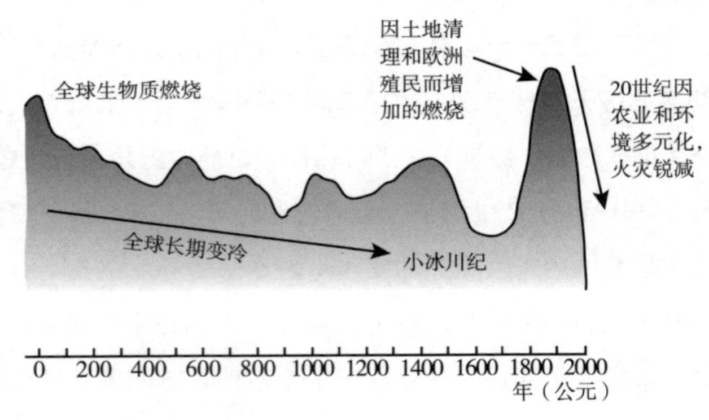

图 51　过去 2000 年的野火，图中显示了 20 世纪的显著变化。

年的火灾历史。火灾数据也通过使用微型木炭测量方法从湖泊化石序列中获得，在这一领域，有可能整合这两个数据集。这些研究表明，有规律的地表火持续了数千年时间。相比之下，近年来在美国西部许多地区扑灭的火灾数量有所增加，因此当火灾真正发生时，它们会更加严重，并从地表火转变为更加严重的树冠火，导致更多树木的消亡，对树木群落结构的影响也更大。

美国西部火痕的发现及树木年轮表的开发不仅对研究火灾开始和蔓延时自然活动相对于人类活动的变化，而且对研究火灾和气候变化都具有重要意义。早期的重要研究结果之一是，随着温度升高，火灾活动会增加。[25] 火灾活动也受到被称为厄

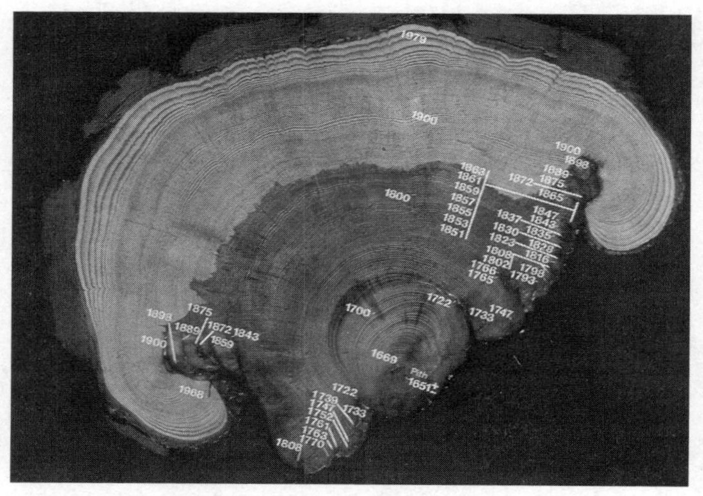

图 52　针叶树树干横截面，图中显示 400 年来有 42 处火痕。

尔尼诺和拉尼娜的大规模气候现象的影响。木炭数据库的开发为气候变化和火灾之间的关系提供了深入见解。一个有趣的结果是，在气候快速变化期间，火灾的发生率通常会升高。[26] 我们将在这本书结尾处提到我们在此处留下的伏笔。

小冰河期冲击假说

正如关于整个大陆范围内的火灾发生在白垩纪－古近纪交界的观点受到质疑一样，2009 年，我们再次被另一个关于火灾与冲击密切相关的说法所淹没。这个声明及我自己参与该辩论始于 2006~2007 年，当时我正在耶鲁大学访学。我参与了加州圣巴巴拉海岸北部海峡群岛火灾历史的研究。这里是北美最古老的人类遗骸被发现的地方，因此，对于调查人类出现之前的火灾历史，然后观察人类活动对植被—火灾体系的影响来说，这是一个很好的地方。

我意识到沉积物中存在木炭，因为碳年代测定法曾用于遗骸。2007 年初，我最开始收到的材料来自一个名为 AC003 的地点，该地点位于圣罗莎岛阿灵顿峡谷人类遗址的上游。就在这个时候，一大群研究人员在一次科学会议上宣布，他们有证据证明大约 13000 年前在北美发生了一起重大的彗星撞击事件。他们声称，这次撞击引发了一场席卷整个大陆的大火，导致了早期人类克洛维斯文化在该大陆的灭绝，以及北美所有大型动物的灭绝，包括所有蛾类。撞击还引发了全球气候变化，被称为小冰河期的寒冷期开始。[27]媒体很快采纳了这个想法，还制作了几部特别的电视纪录片。我的心情一落千丈。科学需要时间来审查和评估一些团体的证据，但与此同时，一个抓住媒体想象力的戏剧性场景可能会成为流行的神话，很难改变，就像在白垩纪 - 古近纪交界生物大灭绝事件中发生全球火灾的观点一样。

这项研究后来发表在一份著名的杂志上。[28]有这么多的数据，这么多的作者，其中有些还很有名，这个假设怎么可能不是真的呢？但是，基于我认为有问题的数据，我对整个陆地范围大火灾的说法感到困惑。随后，同一批作者使用来自阿灵顿 AC003 遗址的木炭数据，以及他们所说的碳质球状体和细长体，来进一步论证这些撞击引发的高强度火灾。[29]我已经开始对 2007 年发给我的 AC003 样品中的木炭进行研究。对我来说这是一个正常的木炭组合。它含有丰富的木炭和一系列其他物质，包括节肢动物粪便颗粒。也有碳质小球，其来源我当时不确定，但我在现代火灾残留物中经常看到类似的小球。

是时候亲自检查一下现场的证据了。2008 年，我和美国同事去了圣克鲁斯岛，这是加州海峡群岛中的另一个岛屿，我们开始了我们的研究。我们还计划在圣罗莎岛开展工作，那里是 AC003 样本的发掘地。尽管我们在随后的几年里一直都想到那里去，但恶劣的天气还是阻止了我们前往。我们发现了许多有木炭的岛屿，以及一系列其他非常吸引我们注意力的东西（图 53）。

冲击论研究小组对木炭的分析和解释让我们感到困惑。我们的反射率研究表明，圣罗莎岛的火灾主要是低温地表火灾，而不是高温野外火灾。[30]

碳细长体和碳质小球的同一性问题在辩论中变得越来越重要。其中一些被声称含有纳米钻石，这意味着它们受到了冲击。[31] 然而，根据我在化石记录中研究节肢动物粪便颗粒的认知，碳细长体酷似节肢动物粪便材料，有些甚至与白蚁的粪便相同。[32]

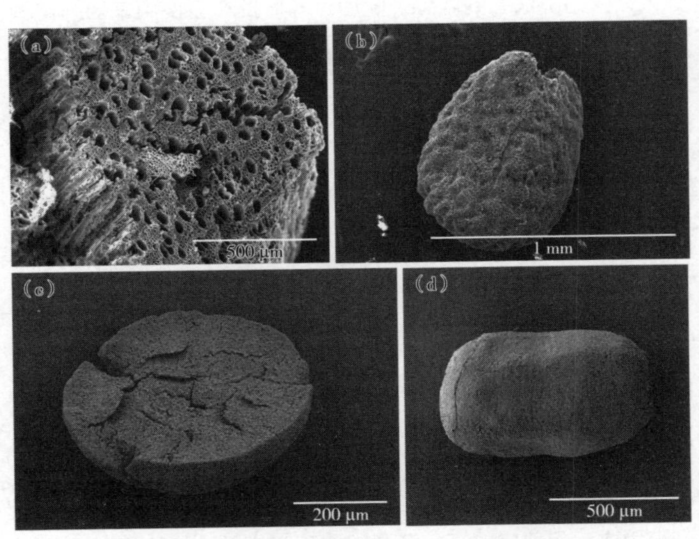

图 53　大约 13000 年前，美国加州海峡群岛圣罗莎岛阿灵顿峡谷河流砂岩中更新世晚期沉积物中的木炭的电子扫描显微镜照片。（a）带有细孔的被子植物木材及其（b）种子。（c）真菌菌核和（d）白蚁粪化石（粪便颗粒）给人造成相当大的迷惑，并被错误地认为其代表了与撞击后高温火灾有关的碳质小球和细长体。

碳质小球是另一个有待解决的问题。在我的现代火灾样本中我发现了碳质小球，也在弗伦沙姆的火灾中发现了它们。当时在弗伦沙姆考察时，我就知道那是一场低温地表火。英格兰南部没有发生彗星撞击！通过与同事的讨论，我们怀疑这些小144球实际上是真菌菌核——圆形的、硬化的真菌菌丝体团块。这是在土壤真菌处于压力之下时形成的——真菌在休眠时会变成这种样子（而不是一些人错误认为的孢子）。它们普遍存在于土壤中，特别是经常遭受火灾的土壤中。我还需要去观察一些材料来作为证据。沿着皇家霍洛威学院的路往前走就是真菌学研究所，我和那里的研究人员取得了联系，并开始研究真菌菌核，包括它在不同温度下焦化的例子。很明显，对我来说，大量的145碳质小球或球体确实是真菌菌核，并不是高温、遍布大陆的树冠火形成的产物。[33] 我们也对纳米金刚石的说法产生了怀疑。[34]

彗星冲击假说仍在争论中。从我的角度来看，我并不认可冲击论。但毫无疑问，冲击论将在未来许多年反复出现在媒体上！

7

普罗米修斯

在独特的火焰星球上，我们是独特的火焰生物。

——S.J. 派恩

人们有时说人类诞生于火。虽然各种各样的动物种群与火相互作用，但我们人类似乎是唯一学会驯服火的物种，更重要的是我们学会了生火（图 54）。有证据表明早期人类认识到了火，并且可能利用了自然发生的火，但是直到后来，他们才能控制和管理它。

人与火的互动一定经历了不同的阶段，第一个阶段可以描述为机遇阶段（图 55）。例如，在这个阶段，自然界的火可能被用来帮助狩猎。何时、如何以及为何会发生这种情况？人们普遍认为，我们的故事应始于非洲。正是在这里，我们看到了

图 54　兰德尔·麦克莱恩的早期人类用火实验。

古人类的进化，一组有亲缘关系的种属，包括南方古猿属和后来的古人类属。火在他们生活的环境中到底有多常见？

通过对植物化石的研究以及同位素数据，我们已经知道，在过去的 1000 万年里，植物和气候都发生了重要的变化。也是在这段时间里，古人类从类人猿中进化出来。在渐新世和中新世（3000 万至 800 万年前），非洲大部分地方被热带雨林覆盖，那里虽然有火灾但并不频繁，主要由雷击和火山活动引发。大约 800 万年前的中新世晚期，随着气候开始变得干燥，

148

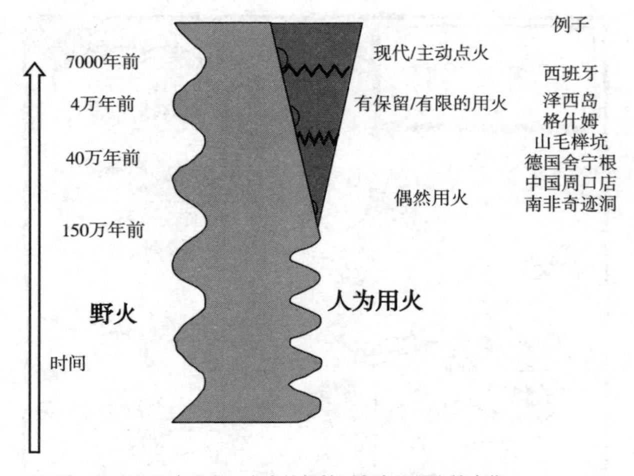

图 55　野火和人为用火。人类从偶然到有意识用火的变化。

C4 草原开始蔓延，植物的栖息地变得更加开阔。火灾变得越来越频繁，从动物的角度来看会变得更加明显，不仅到处是火焰，还有大量的烟雾。频繁的火灾会对早期古人类产生许多影响，不仅仅猎物更容易被火烧死，而且被烧死的动物（自然烹饪的肉类）成为人类饮食的一部分，还有火灾后重新生长的植物也会吸引大批食草动物前来觅食。火可能需要通过添加燃料来保持燃烧，包括使燃烧缓慢的粪便。保持火的燃烧的另一个好处是可以在夜间防止动物袭击，而且烟雾还可以驱除蚊虫。在时间和空间上“延伸”火的能力似乎是只有人类才表现出的特征。

149

我们对火的利用非常重要。它使我们能够通过烹饪来扩大食物来源，这又被认为对人脑的大小产生了重要影响，在更新世，人脑的容积一直在增加。[1] 火作为社会焦点的作用也可能有助于语言的发展。约翰·戈莱特（John Gowlett）就人类进化过程讨论了烹饪假说和社会化大脑假说。他在表 1 中列出了控制火对早期人类的主要益处。[2]

表 1　火的主要益处

防护	对抗大型食肉动物
温暖	尤其是在高纬度地区
食物烹饪	尤其是烹饪肉类和含淀粉的食物
工具制造	尤其是石制或木制工具，也包括树脂和所有后来的烟火技术
社会焦点	群体交往、仪式、语言

使用火的最早证据

150

有人认为黑猩猩有烹饪食物所需的智力，[3] 这导致了如下观点的产生：人类可能在学会控制火之后很快就培养出了烹饪能力（图 56）。许多研究人员现在认为，大约 190 万年前在非洲进化的直立人（Homo erectus）是最早控制和使用火的人。[4] 直立人从非洲开始往欧亚大陆广泛繁衍扩散。对于向北迁移到较冷的温带气候的人口来说，生火和控制火的能力至关重要，尤其是在气温发生很大变化的冰期—间冰期循环期间。即使在比较温暖的间冰期，夜间的温度也可能会大幅下降。直立人使用火的有些证据也来自中国。[5] 我们知道尼安德特人可以控制火，时间可以追溯到大约 40 万年前。[6]

从正常的岩石记录中获得使用火的确切证据是相当困难的，我们接下来将讨论这种可能性。但是，我们可以从有人类存在证据的地方和火不会自然发生的地方获取火存在的最清晰的证据。最明显的地方是去观察洞穴遗址。各种说法不一，从木炭出现的证据到红色燧石和土壤都有，但在许多情况下，这些说法都是提示性的，而不是确定性的。[7]

151

那么，什么能构成有意识用火的有力证据呢？首先，这个地方必须是人类居住的洞穴。查看任何骨骼或工具的背景是很重要的，以排除它们是被水运送到洞穴的可能性。其次，应有证据表明火被限制在特定的地方，而不是以散落在沉积物中的木炭的形式存在。轮廓分明的火炉就是很有力的证据。最后，火炉应该是温度升高的证据，不仅通过木炭的存在而且通过被

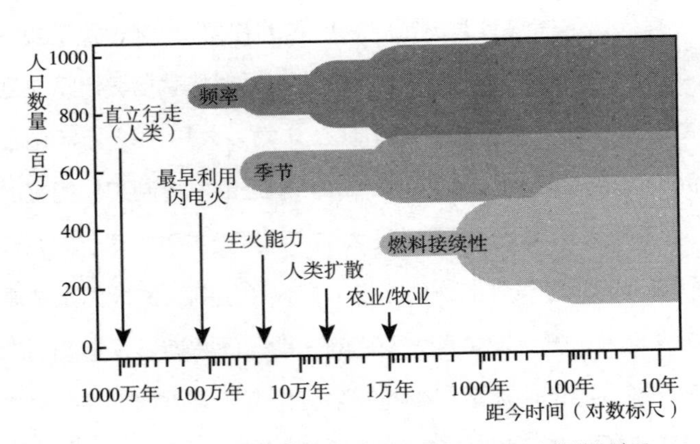

图 56　火与人类活动。控制点火的频率和时间的能力决定了人类进化阶段。

烘烤过的沉积物证明。如果运气好的话，我们可能会找到这样的证据，但这并不容易。要寻找人类首次使用火的证据，我们需要到人类的摇篮——非洲。

152

在寻找早期使用火的证据时，考古学家通常会寻找是否有火炉存在。但是我们如何在化石或考古记录中识别出火炉呢？火炉已被定义为“保留了一些或大部分原始结构或成分（例如有机物和累积的灰烬）的生活用火特征的残余物”，[8] 但这并不容易确定，我们已对定义和研究火炉的存在进行过多次尝试。许多研究工作已经在非洲进行，其目的就是寻求早期使用火的证据，这里我们将只看一些最近的相关工作。[9]

其中一个证据来自非洲南部的一个洞穴。这个名为奇迹（Wonderwerk）的洞穴位于南非的北开普省，它保存的沉积物可以追溯到大约 100 万年前。[10] 研究人员试图找到确凿的证据来证明洞穴内使用过火。很明显，早期的人类使用过这个洞穴：在不同的位置发现了许多燧石斧头。使用火的证据来自一个特定的地层。研究小组使用了一种新技术，叫作 MFTIR（即显微傅里叶变换红外光谱法），来提供沉积物和相关骨骼燃烧的明确证据。这种技术使用红外光来探测样本。红外光吸收和透射的量与材料的类型和它所经受的温度有关。在我们寻找人类使用火的证据时，100 万年前似乎是目前一个很好的标志点。虽然我们一直在寻找最早的用火事件，但在更早时间有记录的证据确实很少。为了获得越来越多的人类用火证据，我们不得不去寻找旧石器时代晚期的一段时间，即 40 万到 30 万年前。[11]

从这个时候起，欧洲就有了习惯性用火的证据。[12] 这个证

153 据就是被烧过的燧石和烧焦的矛尖，它来自德国的舍宁根（也是我们上文中描述 4000 万年前有野火证据的地方）。有人声称在黎凡特也存在习惯性用火的证据，时间大约在 35 万至 32 万年前。[13] 其中一些数据来自以色列的塔本六（Tabun VI）和凯塞姆（Qesem）洞穴群。[14,15] 确定习惯性用火出现的时间对人类进化史来说非常重要，但问题又一次归结为什么是“受控制的”用火。[16]

在确定人类首次使用火时遇到不少问题，其中一个很好的例子是使用火的证据来自英国萨福克郡西斯托的一个叫山毛榉坑（Beeches Pit）的地方。这是一个有趣的旧石器时代早期遗址，可以追溯到大约 40 万年前，火燃烧的证据来自两个不同的层面。该遗址位于冰川间冲积层沉积物中。[17] 一个亟待解决的问题是，通过野火燃烧的来自大自然的木炭可能会自然地出现在河流沉积物中。同时，木炭也可以被人类加工出来。那么我们如何确定这个地方的木炭与人类活动有关呢？正如我们前面提到的，为了万无一失，我们需要确定：燃烧的证据是否局限于炉膛；现场是否有人类活动的证据，如烧过的燧石薄片；以及是否有证据表明火的热量对周围环境产生了影响。这里的证据线索很清楚，暗示着当时的人类曾围坐在火旁敲击燧石，尽管通过研究火炉中烧焦和煅烧过的骨头得出的对温度数据的解释仍然存在许多争议。

即使在英国山毛榉坑这样的地方，仍然有很多工作可做。

识别与这些地点相关联的木炭可能是有用的，通过木炭反射率得来的温度数据可能也是有用的。我们应比较来源于各种火炉的木炭数据，既包括来自考古遗址的，也包括来自实验室的测试数据，并且这些木炭还要与通过野火产生的木炭进行比较。

154

很可能火的最初用途是在晚上取暖，并作为黑暗洞穴中的一种光源，但人类也很快控制了火并用于做饭。理查德·朗汉姆（Richard Wrangham）研究了用火做饭的考古学证据。火可能在大约 100 万年前就已经被这样使用了，因为有证据表明被烧过的骨头可能是烹饪过的食物的一部分。[18] 在 30 万至 5 万年前的旧石器时代中期，用火做饭的可能性似乎越来越大。[19] 无论如何，许多考古学家认为，直到旧石器时代晚期（即从 5 万年前至 1 万年前），生火做饭才成为一项常规性活动。[20]

我们对人类使用火的理解和证据充满了疑问，其中很重要的一点就是意图。此外，使用火和控制火也有区别。这个难题是多方面的。我们不仅需要证明火和人类活动之间的密切联系，还需要区分“用火者”和“生火者”。人类是从什么时候开始从用火者或守火者变成生火者和管理者的？这种角色转变很难确定时间。虽然有证据表明人类和火可能早在 150 万年前就存在了，但是人类主动生火行为（例如，通过敲打燧石产生火花）可能直到更新世晚期，甚至可能直到 4 万年前才出现（图 55）。

如何获得早期用火发生了变化的数据或解释其证据是一个挑战。正如安德鲁·索伦森（Andrew Sorensen）和他的同事所说，“我们考古学家还无法确定（即使是粗略的年代术语），

155 在我们史前早期的什么时候，火成为人类工具包的标准组成部分”。[21] 显然，实验考古学在帮助我们理解应该在化石记录中寻找什么证据这方面有着巨大潜力。

克里斯·斯特林格（Chris Stringer）强调，烹饪对于人类来说是一个重要的里程碑，它让肉更容易消化，并且使病原体和毒素无法侵害人类。[22] 当然它也有其社会功能。然而，烹饪肉类和使用仅在烹饪后可食用的谷类作物之间有着显著的区别。尼安德特人也曾用火做饭的证据来自伊拉克的沙尼达尔洞（Shanidar Cave）和比利时的思柏洞（Spy Cave）。在这里发现了植硅体——在许多草丛中发现了包括谷物在内的二氧化硅沉积物，以及来自牙垢上的淀粉颗粒，它们都显示了煮熟的植物性食物的独特标记。这样复杂的任务可能只有在社会化背景下才能完成，[23] 这表明人类已前进了一步。谷物可以种植、收割和储存。谷物种植和烹饪的发展带来了从狩猎与采集的生活方式到固定的农业生活方式的重大变化。

谷物种植及其传播的一些重要证据来自炭化谷物。在许多地方这些谷物有被保存，但它们被大火焚烧了，因此最后成了木炭。我第一次知道这项重要的研究是通过古代生物分子计划，这是一个由英国自然环境研究理事会运营的合作研究项目。[24] 剑桥和曼彻斯特的科学家们能够从烧焦的古代谷物中提取其 DNA 信息。[25] 新技术扩大了这种方法的可能性，并使得追踪史前谷物品种的地理传播成为可能。[26] 特别是，这项研究已经能够区分出野生品种和培育品种。中东农业的传播已经成为一个特别令人感兴趣的领域。曼彻斯特大学的一个研究小组表明，作物的人工培育最初发生在西亚，大约在公元前7000年，它们被引入的目的地是东南欧。人工培育的作物随后在欧洲传播开来，最近在西班牙发现了公元前5000年前后被烧焦的谷物。[27]

156

同样，我们从被烧焦的葡萄籽中可以追溯一些古代文化中葡萄栽培和酿酒的发展历程。[28] 烧焦的葡萄籽，有时还有葡萄皮，可提供足够的信息来识别它们。令人惊讶的是，即使在炭化的植物组群中，压扁的葡萄也能被识别出来，并与完整的葡萄或葡萄干有区别。

在发掘早期城市中心的时候，火灾通常被视为破坏性的力量。考古遗址中的木炭残留物经常被用来识别破坏的层级，无论是偶发的还是人为的火灾都是如此。但是木炭也可通过自然过程进入考古现场。我们在上文已经提到，它可以漂流很长的距离，也很耐腐，所以很有必要确定任何木炭的来源。由于木炭带有解剖学数据，因此有可能证明它来自被烧毁的建筑木材，而不是来自周围植被的燃烧（尽管确定火灾发生年代可能很困难，因为碳年代测定法也只可能会测定出树木的生长年代）。最近对炭化木材年轮的研究以及对被烧毁的树木或树枝直径的复原工作可能对此有所帮助，因为来自城市环境的炭化木材的树干直径应该是一致的，而来自自然野火环境的炭化木材的树干直径范围很广。[29]

当我们在考古背景和城市背景下研究火灾时，可能会忘记

157

野外火灾，这是比较危险的。自然野火很有可能蔓延到城市地区，烧毁一所房子，一个村庄，一个城镇，甚至一座小城市。我们可以看到，今天，当北美或澳大利亚的火灾蔓延到居民区时，在某些情况下，它会对社区造成彻底破坏。在这些情况下，如果没有对城市外的自然野火信号的研究，我想知道未来的考古学家是否还会认为这种破坏是由人类有意的行为造成的。

人类用火对环境的影响

农业的起源可能是偶然的，而不是人为计划的。但是一旦农业发展起来，火很可能成为清理土地的重要媒介，火的这一角色在今天仍然发挥着作用。火和狩猎之间的关系更难证明，但却是一个引起人们强烈兴趣和无尽争论的话题。热源多样性被定义为火情、生物多样性和生态系统效应之间相互作用的复杂结果。越来越多的证据表明，土著人在热源多样性和影响动植物群落结构方面发挥了重要作用。这种做法似乎也降低了由闪电引发的大型火灾的发生率。

我们可以通过研究今天仍有这种火文化的地区，如澳大利亚和非洲的部分地区，来尝试了解早期人类使用火的情况。例如，澳大利亚的土著人奉行火棍文化，他们会用火将猎物驱赶到某个地方猎杀[30]，这种做法在非洲也有使用。[31] 降雨后，植被的燃烧会导致幸存植物的迅猛生长，这又会吸引野生动物前来觅食。[32]

在北美的定居者似乎既使用火来清理土地，也将火用于狩猎，就如在澳大利亚的情况一样。[33] 火似乎是由不同的美洲土著人放的，以野牛、鹿和羚羊为目标，并将野牛赶尽杀绝。正如斯蒂芬·派恩指出的那样，“可以被火猎杀的生物遍布在世界各地”。人们在夜间拿着火把捕鱼，用烟雾将熊从洞穴中熏出来，以及用火驱赶非洲跳羚和澳大利亚袋鼠。

158

火是一种强大的生物作用力。火不仅可以改变植物的生长过程，还可以促进不同种类的植物生长，也可以使作物增产，火对于橡子和栗子就有这样的作用。这些树比许多其他树更耐火，当树受到野火的影响但没有被烧死时，其种子产量在火灾后会显著增加。因为这种树会本能地投入以前储存起来但未使用的养分来产出下一年更强大的种子。火也可以用来驱赶害虫，让它们既远离农作物，也远离人类。

火可以控制草的生长，为在适当的季节草的新一轮生长创造条件，甚至为草的第二轮生长创造条件。使用火来控制林地开发是我们今天正在努力解决的一个问题。几个世纪以来，美洲土著人在北美西南部的松林中放过地表火，这意味着那里虽然经常有火灾，但很少发生树冠火或特大火灾。[34]

人类使用火的一个经典证据是火炉和火坑。但是，正如我们已经注意到的那样，要判定确切的火炉或证明人类活动参与其中并不总是那么容易的。辨别人类活动是野外火灾的主要原因要困难得多。在某些情况下，火灾活动增加的证据，例如在澳大利亚，已被一些人用来证明人类进入该大陆的时间。[35] 但

159 是同样可能的是，火情的变化可能是气候和（或）植被变化的结果。甚至在某些情况下，火情的变化可能导致木炭的保存情况发生变化。正如我们所看到的那样，化石记录中出现木炭的原因有很多。关于人类活动对自然野火的影响，以及火灾在多大程度上可以用来指导人类活动的激烈争论仍在持续。

另一种识别人类引发的火灾对环境影响的方法是使用来自深海岩芯的木炭数据。我们已经看到这样的数据如何被用来绘制新生代后期生物质燃烧不断增加的图表，因为草原在那时开始燃烧。有人提出，使用海洋岩芯分析数据，并无证据表明尼安德特人和旧石器时代晚期现代人类大量使用火进行生态系统管理，并且 7 万至 1 万年前的燃烧遵循了自然气候的变化规律。有人认为，人类引发的火灾对区域范围没有什么影响。[36] 然而，这种分析无法显示的是火灾发生的具体时间。人类不仅可以通过在自然环境中生火或扑灭火来改变火，他们还可以改变燃烧的周期，通常在某个季节的早期或正常火灾多发季节结束后燃烧。然而，使用木炭数据无法观察到这种变化。

自从人类开启用火的旅程以来，我们已经找到了许多用火的新方法。从刀耕火种的农业到全面的环境改造，用火取暖和做饭的简单用途已经与用火改造环境结合在一起。然而，在所有这些变化中，我们不应该忽视这样一个事实，即自然火情要受植被变化的影响，并且从根本上也会受到气候变化的影响。

正如第六章中提到的那样，我参与了一个揭开加利福尼亚
160 海峡群岛火灾历史的研究项目，因为它们是北美最古老的人类

遗址所在地，我们可以比较人类到达那里前后的火灾模式。我们的研究很明显可以证明，至少在 2.4 万年前，也就是在人类到来之前约 1.3 万至 1.2 万年前的某个时候，针叶林中就有了自然火灾。我们在 1.35 万至 1.2 万年前的混交林中发现了大量燃烧的证据[37]，我们可能会倾向于将这种燃烧归因于人类在清理土地，或者可能用火来猎杀生活在岛上的小猛犸象。[38]但是还有一个因素需要考虑。这是一个剧烈的气候变化时期，大约在 1.29 万年前，随着小冰河期的到来，气候发生了重大逆转。在最后一次大冰河期结束后，小冰河期见证了变暖趋势的短暂逆转。许多人认为这可能是由冰雪融化和大量淡水突然注入北大西洋而影响了墨西哥湾流造成的。我们大可认为植被和野火火情的状态也会随之改变，所以从人类活动角度来解释这些变化确实非常困难。

火与气候

正如我们在上文所看到的那样，木炭记录中有充分的证据表明火与气候是相互关联的。人们常常认为，人类活动可能是许多火情的起因，但如果可燃物载量和天气条件一开始就不合适，火势就不会被引发和蔓延。我们可以减少人类引发火灾的可能性，但这并不会排除自然火灾的可能性。

越来越多已被人们广泛接受的证据表明，人类活动正在通过产生二氧化碳和其他温室气体的方式加速气候的变化。很明显，尽管过去几十年来二氧化碳排放量一直在上升，但化石燃料和生物质燃烧排放的二氧化碳孰多孰少一直难以厘清。这一点很重要，因为两者都在全球气候形成过程中发挥了作用，源于卫星的数据也已被用来厘清二者的关系。从卫星数据中获得的二氧化碳生物质燃烧和矿物燃料燃烧的排放分布表明，燃烧现象可能正在从野外露天燃烧转向工业用途的封闭燃烧。[39]

在本书的开头，我提到了斯蒂芬·派恩的推测，即随着世界人口从农村转移到城市，出现了“燃烧转换”，所以农业火灾减少，荒野火灾被抑制，而矿物燃料的使用增加了。这也有一个心理层面的变化，即火的管理和使用被扑灭火甚至根除火灾的想法所取代。正如我们所见，火被扑灭后会导致地面燃料的积聚，从而使以后的火灾变得更加严重，并可能造成更大的破坏。1988 年黄石国家公园大火之后，美国就认识到了这个事实。

162

气候的变化正在对火灾活动产生影响，在美国西部就是如此（图 57）。[40] 气候变化可能会使新的植被类型产生并蔓延到各地，从而改变火情，并使导致树木死亡的虫害蔓延，继而增加固定燃料负荷，最终再次促使火灾活动的增加。

关于用火规定，以及在某些情况下“让火自生自灭”的政策，也有越来越多的争论。但是，与所有问题一样，其原因和解决方案并不简单。在今天的许多地方，我们的人工环境不仅要应对气候的变化，也要应对植被的变化，这既是气候变化的结果，也是引进物种的结果。此外，我们还可以增加两个要素——融入荒野的愿望，以及保护生命和财产的愿望。

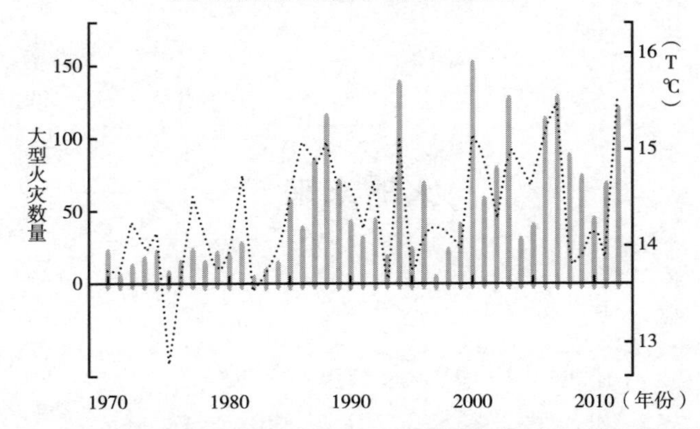

图 57　美国西部大规模（超过 400 公顷）森林火灾的年发生频率（竖条）和 3~8 月的平均温度（点线）。自 1980 年以来，在较频繁的平均气温较高时期，大型火灾的数量有所增加。

随着人类居住地越来越多地侵占荒地，事实上，即使人类没有去积极管理自然野火，他们也必须了解火灾，以制定合理的政策应对火灾。平衡的方法很难实施。当人和人类居住地受到威胁时，我们如何让易燃的景观燃烧？当火灾产生的烟雾可能对人们的健康产生影响时，我们应该在多大程度上去积极控制火灾？

8

火的未来

有人说，世界将毁灭于火，

有人说，世界将毁灭于冰。

据我对于欲望的体验，

我赞成毁灭于火之论。

——罗伯特·弗罗斯特，《火与冰》（Robert Frost, *Fire and Ice*）

我是几年前才偶然知道“荒野—城市接口”（wildland - urban interface）这个术语的，它指的是城市人口和基础设施侵入野生植物区的情形或物理边界。这里有两点值得强调。一种情况是由于人口中心的扩大，城镇和城市继续向农村地区扩张，甚至还会影响自然植被。另一种情况则是，个人或小型社区在野生植被区范围内建造房屋和基础设施。我要远离这一切！这种对独享和隐私的渴望正在以越来越快的速度增长，并正在成为一项重大的全球挑战。[1] 甚至在房屋和社区侵入荒野之前，自然植被已经开始受到人类活动和气候变化的影响。

入侵植物的影响

164

简单地说，入侵植物是指在某一地区从未自然出现而在被引入后疯狂生长的植物。我们都很熟悉将外来植物带进我们的花园，但不太清楚如果这些植物扩散到我们自己的区域之外会发生什么。总的来说，这可能不是什么问题。在世界许多地方，人们已经混淆了引进植物与本地植物。例如，杜鹃花在英国非常普遍，在某些地方，甚至可能被视为“杂草”。但它们是从中国传入英国花园的。无论如何，说一种植物是土生土长的到底是什么意思？这并不总是显而易见的。虽然人工栽培的杜鹃花对英国来说可能是最近才引进的，但野生的杜鹃花在 5500 多万年前就确实存在于英国。[2] 同样，我们可能没有注意到某种植物不是某个地区的本地植物，或许也没有意识到它们可能会引起什么潜在的问题。虽然在某些情况下，这种植物可能是从我们的花园里逃出去的，但植物也可能是为了其他用途而被引进的，比如为动物提供饲料。有些人认为植物入侵并不是一个真正的问题，但我会质疑这种观点，或许这与火有关。[3]

在某些情况下，因为其良好的经济效益而被引进的植物，会产生意想不到的后果，其中一个例子就是桉树。正如我们所见，这种树有许多耐火的特性，因为它是在一片火热的土地上进化而来的。的确，它天生就耐燃烧。[4]然而，我们现在发现，在其他地区种植的这种树已经改变了当地的火灾系统。例如在葡萄牙，干旱时期从桉树种植园开始的火灾变得更加严重且剧烈，并可能蔓延到当地植被，造成灾难性后果。2017 年 5 月的火灾就是如此，许多人因此不幸丧生。仅仅是在过去几年，易燃植物及其漫长的地质史才开始影响我们对这个特殊问题的讨论。

165

在有些情况下，入侵植物是个麻烦，但在有些情况下，入侵植物可以扼制和取代本土物种，很难根除，如日本虎杖（Japanese knotweed）。当谈到火灾时，入侵杂草是造成最多问题的植物。在大多数情况下，草是作为动物饲料被引入的。例如在澳大利亚，甘巴草（Gamba grass）被证明是最大的问题。甘巴草之所以被引入是因为其生长迅速，为牛提供了良好的食物来源。但是这种草到处蔓延，其易燃性给环境带来了灾难性的后果。甘巴草长得又快又高，所以发生在甘巴草丛中的任何火灾都比普通的地表火燃烧得更炽热、更猛烈。这对于只需应对低温地表火灾的原生植被的生存有着极大影响。

北美地区的旱雀草（Bromus tectorum）也存在类似的问题。这里的旱雀草已经蔓延到广泛的栖息地，并已明显改变了火情。[5]在某些情况下，它们提供的地面燃料使火灾更容易蔓延。在许多情况下，这种草沿着公路边生长，从而为火灾提供了现成的通道。这种草也能在干燥的环境中茁壮成长，它们的蔓延会因气候变化而增强。我们已在上文讨论过自然草—火循环规律，但旱雀草的蔓延正在把这种相互作用带入原生植被区域。在某些情况下，旱雀草的蔓延是灾难性的。大多数好莱坞西部片中常见的标志性巨人柱仙人掌（Carnegiea gigantea）是美国西部的常见植物（图 58）。虽然这些仙人掌可能会被闪电击中，但它们通常是相互孤立的，这样火就不会在它们之间蔓延。[6] 但是随着入侵草类的扩张，火焰就可以从一株仙人掌蔓延到另一株，从而破坏整个生态系统。除非这些草被根除，否则这些仙人掌生态系统不太可能再存活 30 年。

火灾、植物入侵和气候变化三者相互关联的问题，只有通 166

图 58　遍布在仙人掌之间的入侵野草，美国索诺拉沙漠。

过对最新的卫星数据进行研究后才会变得更加明显。然而，另一个问题是试图限制火灾在某些地区的影响。我们已经注意到火后侵蚀的影响。林业一直承受着双重压力。第一是减少最近发生火灾区域的径流的影响。其中一个尝试是从直升机或飞机上扔下成捆的稻草，帮助覆盖裸露的土壤，吸收雨水，这样就不会有直接的径流产生。但是过去使用的一些稻草里含有外来草种，所以意外地导致了入侵草的蔓延。

第二是一些地方要求在火灾后重新种植原生植被，以使该地区“回归自然状态”。然而，“自然”是指由人类管理的数百年甚至数千年的栖息地。无论如何，重大的气候变化将自然地改变植物的分布。在这种情况下，只有从长期的和历史的视角来看才可能有帮助。

不断变暖的地球上的火灾

我们已经通过地球历史看到了气候对火情的影响，展望未来，我们必须在气候变化的背景下来研究火灾。我们无法回避这样一个事实，即刀耕火种的农业在世界许多地方仍然是一种真实的生活方式。对一些人来说，这是唯一的生存之道。[7]这个问题在亚马孙雨林等地尤为严重，因为那里重要的生态资源正在遭到破坏（图 59），[8]这都是清理土地和改变土地用途的过程中的一部分。我们需要找到一条中间道路，既让当地居民可以管控火灾，又能将商业伐木人的活动与传统上人们利用环境生存的活动区分开来。[9]这个问题不仅限于自然植被区域，还出现在河流泛滥的平原地区，因为那里的人类建筑活动使洪水更加严重。此外，可能还伴随着火灾和火后侵蚀的威胁，这就会导致更具破坏性的火灾与洪水周而复始地循环。我们在上文已经看到了火灾和洪水是如何相互关联的。例如，在美国科罗拉多州，2011 年丹佛北部和南部都发生了多起重大火灾，其中包括博尔德地区。[10]毫无疑问，2013 年洪水的部分原因是前几年的火灾。[11]

近年来，我们对火灾的科学认识越来越深入，但这并没有转化为公众意识的提高。我们很难反驳这样的观点，即在易燃环境中大兴土木的自由是个人的“权利”，在这样的地区建房不

图 59　2006 年，在巴西马托格罗索的亚马孙雨林，刀耕火种后出现的森林大火。

仅会危及他们自己的生命，还会使消防人员身处险境。消防人员的牺牲越来越引起人们对大火，甚至是造成财产损失的大火是否总应被扑灭的疑问。[12] 我不知道我们是否会陷入“让建筑商小心”的境地——如果你非要在易燃环境中兴建房屋，那么要想扑灭不可避免的火就难如登天。但是没有一个政客愿意涉足此事，因为总会有人留下来冒着生命危险保护他们的财产。[13]

如果在一些地区我们不能杜绝火灾，或许，至少在一定程度上，能够帮助减少人为引发火灾的因素。[14] 尽管很难完全防止纵火行为，但限制使用营火、烧烤甚至吸烟（丢弃的烟头也可能成为失火的原因）的要求可能会得到更大力度的强制执行。

169

很重要的一个问题是很难解释为什么自然火灾在有些类型的植被和环境中是好事，而在有些类型的植被和环境中是坏事。[15]

最困难的争论在于将规定燃烧作为一种管理火灾的方式。在某些情况下，规定燃烧会失控，变成全面燃烧的野火。[16] 虽然规定燃烧似乎是林业工作者的一个有效措施，但在看待森林管理和火灾时，还有其他问题需要考虑。[17]

在某些情况下，人类行为的影响可能很明显，就像印度尼西亚的泥炭火灾。排干泥炭地的水会导致火灾风险增加（彩图14）。这样做的部分原因也是方便砍伐林木，不过会导致在通常见不到火灾的环境中发生火灾。气候周期可能会对新排水区域产生重大影响，从而使情况变得更糟。在发生厄尔尼诺现象的那些年，印度尼西亚的一些地区气候明显更加干燥，因此，随着气候变化，厄尔尼诺现象加剧，现在部分由人类活动引起的火灾可能会变得更加严重。1982 年 9 月至 1983 年 7 月，加里曼丹岛上的火灾过火面积超过 3.7 万平方公里——这相当于比利时和卢森堡的面积总和——现在人们认为，这场大规模火灾是当年发生厄尔尼诺现象的直接结果。[18]

消防和林业政策也可能产生意想不到的后果。在俄罗斯，一些林区暂停伐木，例如在西伯利亚的部分地区。然而，政府允许伐木工人移走被野火烧死的树木。这是一种诱惑，有些证据表明，在这种林区发生自然火灾的年份，有人会故意引发其他火灾，以让他们在更广泛的区域伐木。

在过去 10 年左右的时间里，人们越来越清晰地认识到，在生态保护方面存在许多与火灾有关的问题。我们现在知道，火灾是世界上许多类型植被维持正常生长的重要因素。[19] 然而，人们很难克服火灾终归不是好事，会产生严重后果的观念。在某些情况下，希望通过排除火灾来保护一个区域，从长远来看，这可能反而会将我们希望保护的区域置于危险之中。美国加利福尼亚州就曾面临这样两难的处境，主要因为那里有易燃的生态系统，灌木植被就是一个显著的例子（图 60）。毫无疑问，火灾是灌木生态系统的自然组成部分。但是，在这种情况下，什么时候应该允许火继续燃烧？什么时候又该扑灭火呢？对这些地区火灾性质的误解可能会导致政治家和自然资源保护主义者采取错误的政策。[20]

170

还有一个问题会因一些误解而变得更加复杂。许多人认为草原，尤其是非洲草原，是退化的景观和森林被破坏的结果。

图 60 （a）美国南加州的灌木植被;（b）被烧毁的地区。

因此，这意味着我们应该通过植树把这些草原变成森林。然而，事实表明，这些草原不仅古老，而且植物种类十分丰富，其中许多植物依靠火灾生存。[21] 因此，在世界上的一些地方面临这种情况，例如马达加斯加的部分地区，在那里，不仅火灾是非常必要的，而且植树根本无助于保持生物多样性。正如我们在第一章中看到的那样，在马达加斯加，火灾对有些生态系统不利，但对有些生态系统却有利，因此，对火灾采取“一刀切”的政策可能是错误的。

当有观点不同的利益集团存在时，关于火灾的理性辩论就可能会变得很困难。这一点在英国的荒野火灾问题上是最明显不过的了。对于同一问题，一些团体赞成完全排除用火，而有些人则主张有管控地计划用火。荒野火灾在维护生态系统方面发挥了作用，但燃烧产生的烟雾可能导致危险的后果。对某些动物有害的东西对一些植物却大有裨益。这在很大程度上取决于是否有具体的考虑，例如对鸟类生活的影响，或者我们评估的对整个生态系统的影响。因此，这是一个复杂的问题，没有绝对正确或绝对错误的答案。[22] 所以，这些考虑需要在气候变化的背景下进行权衡，因为气候变化本身就会改变植被。

172

火灾危害健康

与火灾有关的健康问题在过去几年才变得如此突出。[23] 根本问题不在于火灾本身，而在于火灾产生的烟雾。火灾产生的烟雾可以蔓延很长一段距离，有时距火灾发生地远达数百甚至数千英里。对许多人来说，火灾烟雾只不过是个暂时的麻烦。但当我们处理大火灾时，其烟雾会持续好几天，这就会给人类带来许多问题。[24] 吸入烟雾不仅对哮喘患者而且对没有任何肺部问题的人都会造成呼吸困难，更有甚者，在某些情况下还会致死。我们在上文已经看到，印度尼西亚大火产生的烟雾可以在亚洲蔓延数百甚至数千英里。全球烟雾致死的案例集中分布在大型火灾频发的地区。[25]

呼吸困难问题可能不是火灾对健康的唯一影响。孕妇可能会受到野火的严重影响，从而引发人们对大量早产儿和新生儿的异常担忧，这可能与孕妇在怀孕期间的某些时候暴露在烟雾中有关。随着我们继续将城镇扩展到荒野地区，并使人们暴露在频繁的火灾烟雾中，许多问题可能会因此变得更糟，而不是更好。

173

我们如何确定火灾已经受到气候变化的影响？并且在未来它还会受到气候变化的影响？在过去几年中，我们已经可以更精确地将火灾和气候的很多方面联系起来，从而可以确定许多不同的问题。这不仅是因为我们对气候有了更多的了解，也是因为在某个区域、整个大陆甚至全球范围内改进了对火灾的记录。现在已能证明某处发生过火灾，并可确定火灾发生的时间。这一点很重要，因为火灾发生的时间可能会产生相应的生态后果。我们可能很熟悉火灾季节，例如美国南加州的火灾季节，但如果这些季节正在发生改变，就会对未来的消防政策产生影响。[26]如果我们研究一下非洲的火灾，就能发现不同地方的火灾产生的原因也各不相同。中非发生火灾的时间与南部非洲不同。然而，中非的许多火灾是人为引发的，而南部非洲的许多火灾是自然闪电引发的。目前在这类地区中，对于自然植被中的自然火灾与人为火灾，存在争论。直到最近人们才意识到，有些草原是自古以来就存在的，产生于自然界火灾，而在有些草原是新近才出现的。揭开非洲植被和火灾的复杂历史是一项重要的挑战，因为误解可能导致错误的自然保护付出，更不用说从政治角度做出的火灾管理决策了。[27]

随着时间的推移，我们对火灾的理解不断加深，我们认识到，温度升高会导致火灾数量的增加。不仅如此，降雨分布的变化可能会产生重大影响，比如，过早的雨季会导致植物生长加快，而延迟的旱季则会导致更大范围甚至更严重的火灾。

174

我们应该牢记，气候的微妙变化可能会让过去根本不可能发生的火灾成为当今环境的常见现象。换句话说，闪电引发火灾的区域可能会随着气候的变化而改变。因此，我们的消防政策需要根据这一点不断进行修正。

对我个人来说，这不仅仅是一个学术问题。我住在英国的萨里，这是英格兰东南部一个人口高度密集的郡，但并不是一个以野火闻名的地区。然而，萨里郡是英格兰森林覆盖率最高的地区之一，气候变化导致的火情性质的变化可能会产生重大后果。在这里荒野火灾经常发生，尽管也可能会发生一些森林火灾，但通常是已经得到控制的地表火。想象一下，如果其中的任何一场演变为剧烈的树冠火，火灾将会造成多大的破坏——不仅我们很难扑灭火，还会对住房、居民、工业、交通等造成各种灾难性的后果。在这种情况下，制订应变计划非常重要。但是，我们如何知道一个以前不经常发生火灾的地区是否会发生改变呢？我们能提前计划吗？[28]

近年来，人们越来越多地致力于推进气候和火灾模型的研究。虽然面向未来气候变化场景的气候和植被模型是众所周知的，但将火灾纳入这种模型的工作仍处于初级阶段。要解决这个难题主要有两种方法——一种是基于历史数据，另一种是利用地球运行的基本原理。无论采用哪种方法，它们都允许我们预测火灾中的主要变化可能在何时何地发生，并希望提醒政府需要改变对火灾的态度。

175

有一点非常清楚：如果要应对现在及未来世界的火灾，我们就需要了解地球上 4 亿年的火灾史、火在地球系统中的作用，以及人类与这个自然界最强大的力量之一的基本关系（图 61）。

在一个正在经历气候变化的世界里，要解决火灾问题可能需要一些新途径。在伦敦皇家学会最近的一次会议上，大约 30 名世界顶级火灾研究科学家在名为《奇切利宣言》（*Chicheley Declaration*）的文件上慎重地签下了名字。[29] 随着气候变化的影响逐渐显现，不断变化的火灾模式给这个高度关联的世界中不断增加的人口带来了危险。这就要求人们对野火进行更多的研究，更多的交流和公开辩论，并采取综合、多学科交叉的方法来解决未来火灾给人类带来的挑战。

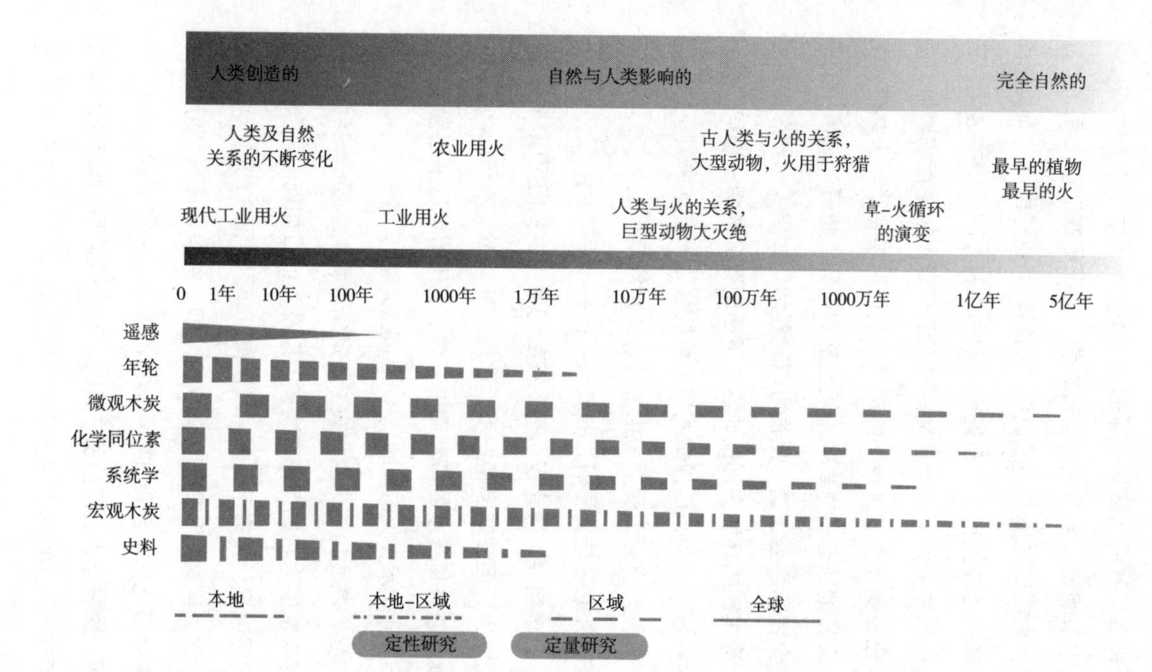

图61　自然火灾和人为火灾的演变及其研究方法。

那么，我们从这 4 亿年的旅程中学到了什么？为什么它很重要？很明显，远在人类出现之前，火已经在地球上存在了数亿年。火在调节大气中的氧气方面起着一定的作用，而我们都需要氧气才能生存。许多植物和动物在有火的环境中进化，它们不仅适应了火，而且在某些情况下需要火来生存和繁衍。而人类已经使火适应了我们的需要，我们已学会了与火共存。因此，火是地球运转方式中不可或缺的一环。将野外环境中的火灾完全根除是否正确、是否可取？显然，如果我们要想保持世界上最丰富的环境多样性，这并不是明智的选择。那我们就必须学会与火共存。这样做的后果可能会让一些人感到不快，而且，即使财产会遭受损失也要允许火焰燃烧，这可能意味着在一些野外地区与发展相关的政策会发生一定的变化。

177

归根结底，决定权可能不在我们手中。我们可以想象我们能控制火，但在许多情况下，这是一种幻觉。未来几十年最大的挑战之一将是水的可利用性，缺水的干旱地区很容易发生火灾，因此用水灭火可能被视为一种奢侈行为。[30]

我们需要为将来的火灾做好准备。我们需要认识到不断变化的供水能力将如何影响火灾，以及我们应如何做好预案。我们还需谨记：火灾无国界，甚至有可能引发潜在的危机和冲突。全世界人民都需要重新了解火的知识，并学习在这个野火世界的生存进化史。随着气候和植被的演变，火灾可能会成为一个难题，这在历史上是前所未有的。我们不能再一厢情愿地认为，如果我们一生中未曾经历野火，那么就永远不必面对这种可能性。[31]这意味着我们需要增强关于火的教育——不仅是消极方面的，还有积极方面的。[32]面对未来，我们必须认识到，火是地球运转的自然而重要的组成部分，并且地球上 4 亿年火的历史还有许多未解之谜等着我们去解开。

图 62 “火灾危险，今日天气温暖，请小心”。

附录：国际地质年代表

代	年代（百万年）	纪	世（系）
新生代		第四纪	上新世
	2.6	新近纪	中新世 渐新世
	23	古近纪	始新世 古新世
中生代	66	白垩纪	晚期 早期
	145	侏罗纪	晚期 中期 早期
	201	三叠纪	晚期 早期
古生代 晚期	252	二叠纪	乐平世 瓜达洛普世 乌拉尔世
	299	石炭纪	宾夕法尼亚系 密西西比系
	359	泥盆纪	晚期 中期 早期
古生代 早期	419	志留纪	普里多利世 文洛克世 罗德洛世
	444	奥陶纪	兰多维列世
	485	寒武纪	
	541		

注：以百万年为单位显示绝对年代的地质时间表。表中的年代参考国际地层学委员会制作的 2017 年国际年代地层图。

资料来源：http://www.stratigraphy.org/index.php/ics-chart-timescale。

术语表

被子植物（Angiosperm）：一种有维管的陆生植物，利用花繁殖并产生封闭的种子。胚珠被包裹在子房中，当授粉时，种子在由心皮发育而来的果实中发育。

博根结构（Bogen-structure）：在显微镜的反射光下观察，破碎细胞壁主要存在于丝质组中。粉碎发生在植物材料被掩埋之后，粉碎表明它在掩埋之前是易碎的，例如在木炭中。

骨床（Bone bed）：脊椎动物骨骼异常集中的岩石层。

纤维素（Cellulose）：植物细胞壁的组成部分。一种包含碳、氢和氧的有机化合物，包括连接的右旋葡萄糖单元的线性链。

树冠火（Crown fire）：蔓延到上层或树冠的火。火灾通常始于地表火，但可能通过梯形燃料蔓延到树冠。

丝炭（Fusain）：化石木炭。丝炭在不同角度的光线下显示出高反射率和暗淡的光泽，其特征还在于其化学惰性，几乎是纯碳。这个术语是玛丽·斯托普将其作为煤的四种基本类型之一（镜煤、亮煤、暗煤和丝炭）引入的。她选择了“fusain”一词（在法语中为木炭）表示烟煤（黑煤）中类似木炭的成分。

裸子植物（Gymnosperm）：用裸露种子繁殖的维管植物。许多植物在球果里结种子，典型的现代裸子植物类群包括针叶树和苏铁。

层位（Horizon）：明显的岩石或土壤层。

惰质组（Inertinite）：煤的显微组分，具有高反射率并可显示解剖结构。惰质组显微组分包括燧石、半燧石、惰质三英石、斑岩、泥晶质岩、真菌质岩和分泌质岩。惰质组是一个显微组分，包括在低阶和中阶煤中反射率较高的显微组分，并且在相应等级沉积岩中的反射率高于镜质组和脂质组的显微组分。

同位素（Isotopes）：具有正常质子数和电子数，但中子数不同的元素的原子。同位素的原子序数相同，但质量数（质子数和中子数）不同。例如，氧的质量数可以是 16 或 18。碳可能有 6 个、7 个或 8 个中子和 6 个质子。碳 12 和碳 13 都是稳定的，但碳 14 会衰变并具有放射性。

同位素偏移（Isotope excursion）：这是化学同位素（如碳或氧）的值可能在岩石记录中的垂直数据点序列中沿负方向或正方向偏移的情况。这种偏移表明地球大气中有某种扰动，并可能是全球性的。

叠层（Lamination）：精细层（薄层）的小规模序列。比地层或层位规模小的一层沉积岩。

木质素（Lignin）：对强化植物细胞壁很重要的化学物质（在树木中通常高达 30%）。一种含有碳、氢和氧的有机聚合物，包括芳香环。它们由三种不同的苯基丙烷单体组成。木质素在不同的植物中含量也不同，如针叶树和被子植物的木质素含量就不相同。

褐煤（Lignite）：一种煤。褐煤最初来自泥炭，在埋藏过程中，泥炭主要由于温度升高（和压力增加）发生了一些变化，并在煤系中达到了称为褐煤的阶段。它可能含有 60%~70% 的碳，也有很高的水分含量。表示渐进的等级序列蚀变作用或煤化作用是指泥炭到褐煤（也称为褐色煤），再到次烟煤，然后到烟煤（也称为黑煤或硬煤），最后到无烟煤。

显微组分（Maceral）：煤岩学的基本语言涉及煤显微组分。“显微组分”一词最早是由玛丽·斯托普在 1935 年提出的，她提出这个词（从拉丁语的“*macerare*”到“macerate”）是一个与“矿物”一词相符的独特而全面的词。显微组分是有机物质或有机物质的光学同质聚集体，具有独特的物理和化学性质，天然存在于地球的沉积岩、变质岩和火成岩中。

古新世 - 始新世极热期［The Paleocene - Eocene Thermal Maximum (PETM)］：是发生在大约 5550 万年前并持续了大约 20 万年的温度短暂快速上升的全球变暖（在 5℃和 8℃之间增加）现象。这一时期的特点是碳同位素大漂移。

岩相学（岩石学的一个分支）（Petrography）：关注岩石的描述和分类（通常由微观检验辅助）。

火后侵蚀（Post-fire erosion）：地表火灾对景观的影响非常严重。火灾不仅会毁灭植物，还会摧毁束缚土壤的根系。火也可能使土壤变得疏水（防水）。火灾后的降雨可能会导致土壤突然流失，并通过坡面流输送沉积物，由此也可能产生深槽。这就被称为火后侵蚀。

反射面（Reflectance）：光从物体表面反射的地方。在有机材料的微观研究中，光从样品的抛光表面（通常用油）反射然后被观察。反射率的测量能提供材料温变史的数据。

电子扫描显微镜［Scanning Electron Microscope (SEM)］：这是一种电子显微镜，可产生样品的高倍（数千倍）三维图像（分辨率优于 1 纳米）。图像通常是通过扫描仪在真空中扫描样本产生聚焦的电子束而产生的。获得图像最常见的方法是记录从样品表面撞击的次级电子，从而产生三维图像。这种图像通常是黑白的，但也有些图像会进行人工着色。

气孔（单个气孔）［Stomata (singular stoma)］：植物用于气体交换的开口或小孔，通常可在植物叶片表面发现。空气通过这些开口进入，光合作用将二氧化碳转化为糖，同时氧气作为副产品被排出。气孔由保卫细胞打开或关闭，保卫细胞也控制着植物的水分流失（蒸腾作用）。

地表火（Surface fire）：在森林地面燃烧枯枝落叶和低矮植物的火。地表火也可能在草原和灌木丛中发生。

陆生维管植物（Vascular land plant）：一种将维管组织用于运输水和养料的植物。这些组织包括常常被木质化的木质部（导水细胞）和韧皮部（养料）运输细胞。维管植物也被称为高等植物或维管属植物。最常见的现代维管植物类型包括蕨类植物、石松、马尾草、裸子植物和被子植物。

木质部（Xylem）：植物体中用于运输的组织。它通常由管胞（细长细胞）组成，但在一些开花植物中会出现较大的导管。木质部的作用是将水分（和一些营养物质）从植物的根部输送到枝叶。在其他细胞中，如薄壁组织和纤维中也有出现。木材大部分由次生木质部构成。纤维素细胞壁被一种叫作木质素的抗性化学物质所强化（木质素是一种具有芳香或环状结构的碳化合物）。

注　释

第 1 章

1. Kull, C.A. (2004). *Isle of Fire: The Political Ecology of Landscape Burning in Madagascar*. University of Chicago Press, Chicago, IL.

2. 电视纪录片。20 世纪 90 年代末和 21 世纪初，许多纪录片在英国电视台放映。2002 年，独立电视台的一档节目《灾难剖析》(*Anatomy of Disaster*) 讲述了加利福尼亚的大火。它是 1997 年由 grbtv.com 在美国制作的。

3. Roy, D.P., Boschetti, L., Smith, A.M.S. (2013). Satellite remote sensingof fires. In: Belcher, C.M. (ed.). *Fire Phenomena and the Earth System: An Interdisciplinary Guide to Fire Science*, 1st edition, pp. 97–124. J. Wiley &Sons, Chichester.

4. http://www.firelab.org/project/farsite.

5. 有一篇关于火灾及其后果的精彩报道，其摘要可从互联网上自由获取。载于 Graham, R.T., Technical Editor (2003). *Hayman Fire Case Study*. Gen. Tech. Rep. RMRSGTR-114. Ogden, UT: US Department of Agriculture, Forest Service, Rocky Mountain Research Station。

6. 有关火灾，火灾类型及其蔓延的详细讨论，请参阅 Scott, A.C., Bowman, D.M.J.S., Bond, W.J., Pyne, S.J., and Alexander M. (2014). *Fire on Earth: An Introduction*. John Wiley and Sons, Chichester。

7. https://en.wikipedia.org/wiki/Rim_Fire.

8. Moody, J.A. and Martin, D.A. (2009). Forest fire effects on geomorphic processes. In: A. Cerda and P. Robichaud (eds), *Fire Effects onSoils and Restoration Strategies*, pp. 41–79. Science Publishers, Enfield, NH; Moody, J.A. and Martin, D.A. (2001). Initial hydrologic and geomorphic response following a wildfire in the Colorado

Front Range.*Earth Surface Processes and Landforms* 26, 1049–1070.

9. Meyer, G.A. and Pierce, J.L. (2003). Climatic controls on fire-inducedsediment pulses in Yellowstone National Park and central Idaho: a long term perspective. *Forest Ecology and Management* 178, 89–104.

10. https://en.wikipedia.org/wiki/Yarnell_Hill_Fire.

11. Johnston, F.H., Henderson, S.B., Chen, Y., Randerson, J.T., Marlier,M., DeFries, R.S., Kinney, P., Bowman, D.M.J.S., and Brauer, M. (2012). Estimated global mortality attributable to smoke from landscape fires. *Environmental Health Perspectives* 120, 695–701.

12. 参见 Scott 等 2014 年的示意图，fig. 1.44, p. 46。

13. Holloway, M. (2000). Uncontrolled: the Los Alamos blaze exposes themissing science of forest management. *Scientific American* 283, 16–17.

14. Peluso, B. (2007). *The Charcoal Forest: How Fire Helps Animals and Plants*. Mountain Press Publishing Company, Missoula, MT. 需了解更多信息请查阅如下网址：http://www.brucebyersconsulting.com/colorado-fires-and- firemoths/#sthash. qbaxkYbE.dpuf, http://www.brucebyersconsulting.com/colorado-fires-and-fire amos/# th ash . qbaxkybe . dpuf。

15. Bond, W.J. and Midgley, J.J. (1995). Kill thy neighbour: an individualistic argument for the evolution of flammability. *Oikos* 73, 79–85.

16. 参见 Pyne, S.J. (2001). *Fire: A Brief History*. University of Washington Press, Seattle, WA; and Roos, C.I., Bowman, D.M.J.S., Balch, J.K.,Artaxo, P., Bond, W.J., Cochrane, M., D'Antonio, C.M., DeFries, R.,Mack, M., Johnston, F.H., Krawchuk, M.A., Kull, C.A., Moritz, M.A., Pyne, S., Scott, A.C., and Swetnam, T.M. (2014). Pyrogeography, historical ecology, and the human dimensions of fire regimes. *Journal of Biogeography* 41, 833–836。

第 2 章

1. https://www.thenakedscientists.com/articles/interviews/planet- earth-online-friendly-fires.

2. Hooke, R. (1665). *Micrographia or some physiological descriptions of minute*

bodies made by magnifying glasses with observations and inquiries thereupon. Royal Society, London. Observ. XVI. Of Charcoal, or burnt Vegetables.

3. Lyell, C. (1847). On the structure and probable age of the coalfield ofthe James River, near Richmond, Virginia. *Quarterly Journal of theGeological Society of London* 3, 261–288. 参见斯科特 1998 年的相关讨论，The legacy of Charles Lyell: advances in our knowledge of coal and coal-bearing strata. In: Blundell, D.J. and Scott, A.C. (eds),*Lyell: The Past is the Key to the Present*, pp. 243–260. Geological Society Special Publication 143。

4. Stopes, M.C. (1919). On the four visible ingredients in banded bituminous coal. *Proceedings of the Royal Society Series B* 90, 470–487.

5. https://www.mariestopes.org.uk/aboutmariestopesuk.

6. A.C.Scott 于 1989 年提出对术语“fusain”的讨论，载于 *International Journal of Coal Geology* 12, 443–475。

7. Harris, T.M. (1958). Forest fire in the Mesozoic. *Journal of Ecology* 46,447–453.

8. Harris, T.M. (1981). Burnt ferns from the English Wealden. *Proceedings of the Geologists' Association* 92, 47–58.

9. Hooke (1665). Observ XVII. Of Petrify'd wood, and other Petrify'dbodies. 如需下载文本，参见 https://www.gutenberg.org/ files /15491/15491-h/15491-h.htm。

10. 参见 Scott 1998 年的相关讨论。

11. McGinnes, E.A., Harlow, C.A., and Beale, F.C. (1976). Use of scanningelectron microscopy and image processing in wood charcoal studies. *Scanning Electron Microscopy* 7, 543–548.

12. Muir, M. (1970). A new approach to the study of fossil wood. *Proceedings of the Third Annual Scanning Electron Microscope Symposium*, ITT Research Institute, Chicago, IL, pp. 129–135.

13. Scott, A. (1974). The earliest conifer. *Nature* 251, 707–708; Scott, A.C.and Chaloner, W.G. (1983). The earliest fossil conifer from the Westphalian B of Yorkshire. *Proceedings of the Royal Society of London B* 220, 163–182.

14. 参见 Scott and Willis, K.J. and McElwain, J.C. 合作的作品中的照片（2014 年）。载于 *The Evolutionof Plants*, 2nd edition, fig. 3.9, p. 66. Oxford University Press, Oxford。

15. Friis, E.-M. and Skarby, A. (1981). Structurally preserved angiosperm flowers from the Upper Cretaceous of southern Sweden. *Nature* 291,484–486.

16. Scott, A.C., Cripps, J.A., Nichols, G.J., and Collinson, M.E. (2000).The taphonomy of charcoal following a recent heathland fire and some implications for the interpretation of fossil charcoal deposits. *Palaeogeography, Palaeoclimatology, Palaeoecology* 164, 1–31.

17. Nichols, G.J. and Jones, T.P. (1992). Fusain in Carboniferous shallow marine sediments, Donegal, Ireland: the sedimentological affects of wildfire. *Sedimentology* 39, 487–502.

18. Scott et al. (2000).

19. Scott, A.C., Galtier, J., Gostling, N.J., Smith, S.Y., Collinson, M.E., Stampanoni, M., Marone, F., Donoghue, P.C.J., and Bengtson, S. (2009). Scanning electron microscopy and synchrotron radiation X-ray tomographic microscopy of 330 million year old charcoalified seed fern fertile organs. *Microscopy and Microanalysis* 15, 166–173.

第3章

1. Robinson, J.M. (1989). Phanerozoic O_2 variation, fire, and terrestrial ecology. *Palaeogeography, Palaeoclimatology, Palaeoecology* 75, 223–240; Robinson, J.M. (1990). Lignin, land plants, and fungi: biological evolution affecting Phanerozoic oxygen balance. *Geology* 15, 607–610; Robinson, J.M. (1991). Phanerozoic atmospheric reconstructions: a terrestrial perspective. *Palaeogeography, Palaeoclimatology, Palaeoecology* 97, 51–62.

2. Falcon-Lang, H.J. (2000). Fire ecology of the Carboniferous tropical zone. *Palaeogeography, Palaeoclimatology, Palaeoecology* 164, 355–371.

3. Krings, M., Kerp, H., Taylor, T.N., and Taylor, E.L. (2003). How Paleozoic vines and lianas got off the ground: on scrambling and climbing Carboniferous–Early Permian Pteridosperms. *The Botanical Review* 69, 204–224.

4. Benton, M.J. (2003). *When Life Nearly Died: The Greatest Mass ExtinctionEvent of All Time*. Thames and Hudson, London.

5. Nichols, D.J. and Johnson, K.R. (2008). *Plants and the K-T Boundary*. Cambridge University Press, Cambridge.

6. Billings Gazette. (1995). *Yellowstone on Fire*, 2nd edition. Billings Gazette, Billings, MT.

7. Harland, W.B. and Hacker, J.L. (1966). "Fossil" lightning strikes 250million years ago. *Advancement of Science* 22, 663–671.

8. Berner, R.A., Beerling, D.J., Dudley, R., Robinson, J.M., and Wildman, R.A. (2003). Phanerozoic atmospheric oxygen. *Annual Review of Earth and Planetary Sciences* 31, 105–134.

9. Berner, R.A. and Canfield, D.E. (1989). A new model for atmospheric oxygen over Phanerozoic time. *American Journal of Science* 289, 333–361.

10. Berner, R.A. (2006). A combined model for Phanerozoic atmospheric O_2 and CO_2. *Geochemica et Cosmochimica Acta* 70, 5653–5664; Berner, R.A. (2009). Phanerozoic atmospheric oxygen: new results using the GEOCARBSULF model. *American Journal of Science* 309, 603–606.

11. Poulsen, C.J., Tabor, C., and White, J.D. (2015). Long-term climate forcing by atmospheric oxygen concentrations. *Science* 348, 1238–1241.

12. Watson, A.J., Lovelock, J.E., and Margulis, L. (1978). Methanogenesis, fires and the regulation of atmospheric oxygen. *Biosystems* 10, 293–298; Watson, A.J. and Lovelock, J.E. (2013). The dependence of flame spread and probability of ignition on atmospheric oxygen. In: C.M. Belcher (ed.), *Fire Phenomena and the Earth System: An Interdisciplinary Guide to Fire Science*, pp. 273–287. John Wiley and Sons, Chichester.

13. Wildman, R.A., Hickey, L.J., Dickinson, M.B., Berner, R.A., Robinson, J.M., Dietrich, M., Essenhigh, R.H., and Wildman, C.B. (2004). Burning of forest materials under Late Paleozoic high atmospheric oxygen levels. *Geology* 32, 457–460.

14. Belcher, C.M. and McElwain, J.C. (2008). Limits for combustion inlow O_2 redefine paleoatmospheric predictions for the Mesozoic. *Science* 321, 1197–1200.

15. Belcher, C.M., Yearsley, J.M., Hadden, R.M., McElwain, J.C., and Rein, G. (2010). Baseline intrinsic flammability of Earth's ecosystems estimated from paleoatmospheric oxygen over the past 350 million years. *Proceedings of the*

National Academy of Sciences 107, 22448–22453.

16. Scott, A.C. and Glasspool, I.J. (2006). The diversification of Paleozoic fire systems and fluctuations in atmospheric oxygen concentration. *Proceedings of the National Academy of Sciences* 103, 10861–10865.

17. Glasspool, I.J. and Scott, A.C. (2010). Phanerozoic concentrations of atmospheric oxygen reconstructed from sedimentary charcoal. *Nature Geoscience* 3, 627–630.

第4章

1. Glasspool, I.J., Edwards, D., and Axe, L. (2004). Charcoal in the Silurian as evidence of the earliest wildfire. *Geology* 32, 381–383.

2. Glasspool, I.J., Edwards, D., and Axe, L. (2006). Charcoal in the Early Devonian: a wildfire-derived Konservat-Lagerstätte. *Review of Palaeobotany and Palynology* 142, 131–136.

3. Hueber, F.M. (2001). Rotted wood-alga-fungus: the history and life of Prototaxites Dawson 1859. *Review of Palaeobotany and Palynology* 116,123–158.

4. Scott, A.C. (2010). Charcoal recognition, taphonomy and uses in palaeoenvironmental analysis. *Palaeogeography, Palaeoclimatology, Palaeoecology* 291, 11–39.

5. Scott, A.C. and Glasspool, I.J. (2006). The diversification of Paleozoic fire systems and fluctuations in atmospheric oxygen concentration. *Proceedings of the National Academy of Sciences* 103, 10861–10865.

6. Rimmer, S.M., Hawkins, S.J., Scott, A.C., and Cressler, III, W.L. (2015). The rise of fire: fossil charcoal in late Devonian marine shales as an indicator of expanding terrestrial ecosystems, fire, and atmospheric change. *American Journal of Science* 315, 713–733. 我们的照片出现在杂志的封面上令我非常开心，所以我能用这篇论文纪念卡尔·图瑞肯（Karl Turekian），因为他对我们关于火的工作非常感兴趣，但他最近去世了。

7. Falcon-Lang, H.J. (1998). The impact of wildfire on an Early Carboniferous coastal system, North Mayo, Ireland. *Palaeogeography, Palaeoclimatology, Palaeoecology* 139, 121–138.

8. Rolfe, W.D.I., Durant, G.M., Fallick, A.E., Hall, A.J., Large, D.J., Scott, A.C.,

Smithson, T.R., and Walkden, G.M. (1990). An early terrestrial biota preserved by Visean vulcanicity in Scotland. In: M.G. Lockley and A. Rice (eds), *Volcanism and Fossil Biotas*. Geological Society of America Special Publication 244, 13–24.

9. Smithson, T.R. (1989). The earliest known reptile. *Nature* 342, 676–678; Smithson, T.R. and Rolfe, W.D.I. (1990). *Westlothiana* gen. nov.: naming the earliest known reptile. *Scottish Journal of Geology* 26, 137–138; Smithson, T.R., Carroll, R.L., Panchen, R.L., and Anderson, S.M. (1994). *Westlothiana lizziae* from the Viséan of East Kirkton, West Lothian, Scotland. *Transactions of the Royal Society of Edinburgh: Earth Sciences* 84, 387–412.

10. Lyell, C. and Dawson, J.W. (1853). On the remains of a reptile (Dendrerpeton acadianum, Wyman and Owen), and of a land shell discovered in the interior of an erect fossil tree in the coal measures of Nova Scotia. *Quarterly Journal of the Geological Society* 9, 58–63.

11. Scott, A.C. (2001). Roasted alive in the Carboniferous. *Geoscientist* 11(3), 4–7.

12. Hudspith, V., Scott, A.C., Collinson, M.E., Pronina, N., and Beeley, T. (2012). Evaluating the extent to which wildfire history can be interpreted from inertinite distribution in coal pillars: an example from the Late Permian, Kuznetsk Basin, Russia. *International Journal of Coal Geology* 89, 13–25.

13. Shao, L., Wang, H., Yu, X., Lu, J., and Mingquan, Z. (2012). Paleo-fires and atmospheric oxygen levels in the latest Permian: evidence from maceral compositions of coals in Eastern Yunnan, Southern China. *Acta Geologica Sinica* (English edition) 86, 949–962.

14. Whiteside, J.H., Lindstrom, S., Irmis, R.B., Glasspool, I.J., Schaller, F., Dunlavey, M., Nesbitt, S.J., Smith, N.D., and Turner, A.H. (2015). Extreme ecosystem instability suppressed tropical dinosaur dominance for 30 million years. *Proceedings of the National Academy of Sciences* 112, 7909–7913.

第5章

1. Harris, T.M. (1958). Forest fire in the Mesozoic. *Journal of Ecology* 46, 447–453.

2. Berner, R.A., Beerling, D.J., Dudley, R., Robinson, J.M., and Wildman, R.A. (2003).

Phanerozoic atmospheric oxygen. *Annual Review of Earth and Planetary Sciences* 31, 105–134.

3. Retallack, G.J., Veevers, J.J., and Morante, R. (1996). Global coal gap between Permian–Triassic extinction and Middle Triassic recovery of peat-forming plants. *Geological Society of America Bulletin* 108, 195– 207.

4. Sheldon, N.D. and Retallack, G.J. (2002). Low oxygen levels in earliest Triassic soils. *Geology* 30, 919–922.

5. Uhl, D., Jasper, A., Hamad, A.M.B., and Montenari, M. (2008). Permian and Triassic wildfires and atmospheric oxygen levels. *Proceedings ofthe 1st WSEAS International Conference on Environmental and GeologicalScience and Engineering (EG'08)*, Environment and Geoscience Book Series: Energy and Environmental Engineering Series, pp. 179–187; Whiteside, J.H., Lindstrom, S., Irmis, R.B., Glasspool, I.J., Schaller,M.F., Dunlavey, M., Nesbitt, S.J., Smith, N.D., and Turner, A.H. (2015). Extreme ecosystem instability suppressed tropical dinosaur dominance for 30 million years. *Proceedings of the National Academy of Sciences* 112, 7909–7913.

6. Harris, T.M. (1957). A Liasso–Rhaetic flora in South Wales. *Proceedingsof the Royal Society of London B* 147, 289–308.

7. Havlik, P., Aiglstorfer, M., El Atfy, H., and Uhl, D. (2013). A peculiar bonebed from the Norian Stubensandstein (Löwenstein Formation, Late Triassic) of southern Germany and its palaeoenvironmental interpretation. *Neues Jahrbuch für Geologie und Paläontologie* 269(3), 321–337.

8. Belcher, C.M., Mander, L., Rein, G., Jervis, F.X., Haworth, M., Hesselbo, S.P., Glasspool, I.J., McElwain, J.C. (2010). Increased fireactivity at the Triassic/Jurassic boundary in Greenland due to cli- mate-driven floral change. *Nature Geoscience* 3, 426–429.

9. Petersen, H.I. and Lindström, S. (2012). Synchronous wildfire activity rise and mire deforestation at the Triassic–Jurassic boundary. *PLoS ONE* 7(10), e47236.

10. Berner, R.A. (2009). Phanerozoic atmospheric oxygen: new results using the GEOCARBSULF model. *American Journal of Science* 309, 603–606.

11. Cope, M.J. (1993). A preliminary study of charcoalfield plant fossilsfrom the Middle Jurassic Scalby Formation of North Yorkshire. *Special Papers in Palaeontology* 49, 101–111.

12. Jones, T.P. (1997). Fusain in Late Jurassic sediments from the WitchGround Graben, North Sea, UK. In: G.F.W. Herngreen (ed.), *Proceedings of the 4th European Palaeobotanical and Palynological Conference: Heerlen/Kerkrade, 19–23 September 1994*. Mededelingen Nederlands Instituut voor Toegepaste Geowetenschappen TNO 58, 93–103.

13. Uhl, D., Jasper, A., and Schweigert, G. (2012). Charcoal in the Late Jurassic (Kimmeridgian) of western and central Europe: palaeo-climatic and palaeoenvironmental significance. *Palaeobiodiversity and Palaeoenvironments* 92, 329–341.

14. Francis, J.E. (1983). The dominant conifer of the Jurassic Purbeck Fm, England. *Palaeontology* 26, 277–294; Francis, J.E. (1984). The seasonal environment of the Purbeck (Upper Jurassic) fossil forests. *Palaeogeography, Palaeoclimatology, Palaeoecology* 48, 285–307.

15. Matthewman, R., Cotton, L.J., Martins, Z., and Sephton, M.A. (2012). Organic geochemistry of late Jurassic paleosols (dirt beds) of Dorset, UK. *Marine and Petroleum Geology* 37, 41–52.

16. Seward, A.C. (1894). The Wealden flora I. Thallophyta-Pteridophyta. *Catalogue of the Mesozoic plants in the Department of Geology, British Museum (Natural History)*, volume 1; Seward, A.C. (1895). The Wealden flora II. Gymnospermae. *Catalogue of the Mesozoic plants in the Department of Geology, British Museum (Natural History)*, volume 2; Seward, A.C.(1913). Contributions to our knowledge of Wealden floras, with especial reference to a collection of plants from Sussex. *Journal of the Geological Society* 69, 85–116; Stopes, M.C. (1915). *Catalogue of the Cretaceous plants in the British Museum (Natural History)*, Part 2; Allen, P.(1976). Wealden of the Weald: a new model. *Proceedings of the Geologists' Association* 86 (for 1975), 389–437; Allen, P. (1981). Pursuit of Wealden models. *Journal of the Geological Society* 138, 375–405.

17. Alvin, K.L. (1974). Leaf anatomy of *Weichselia* based on fusainized material. *Palaeontology* 17, 587–598.

18. Allen (1976).

19. Collinson, M.E., Featherstone, C., Cripps, J.A., Nichols, G.J., and Scott, A.C. (2000). Charcoal-rich plant debris accumulations in the lower Cretaceous of the Isle of Wight, England. *Acta Palaeobotanica* Supplement 2, 93–105.

20. Scott, A.C. and Stea, R. (2002). Fires sweep across the Mid-Cretaceous landscape of Nova Scotia. *Geoscientist* 12(1), 4–6.

21. Falcon-Lang, H.J., Mages, V., and Collinson, M.E. (2016). The oldest *Pinus* and its preservation by fire. *Geology* 44, 303–306.

22. Crane, P.R., Friis, E.M., and Chaloner, W.G. (eds) (2010). Darwin and the evolution of flowers. *Philosophical Transactions of the Royal Society B*365, 345–543.

23. Stopes, M.C. (1912). Petrifactions of the earliest European angiosperms. *Philosophical Transactions of the Royal Society, B* 203, 75–100.

24. Friis, E.M., Crane, P.R., and Pedersen, K.R. (eds) (2011). *Early Flowers and Angiosperm Evolution*. Cambridge University Press, Cambridge.

25. Hughes, N.F., Drewry, G., and Laing, J.F. (1979). Barremian earliest angiosperm pollen. *Palaeontology* 22, 513–536; Hughes, N.F. and McDougall, A.B. (1990). Barremian-Aptian angiospermid pollenrecords from southern England. *Review of Palaeobotany and Palynology* 65, 145–151.

26. Hickey, L.J. and Doyle, J.A. (1977). Early Cretaceous fossil evidencefor angiosperm evolution. *Botanical Review* 43, 2–104.

27. Friis, E.M., Pedersen, K.R., and Crane, P.R. (2006). Cretaceous angiosperm flowers: innovation and evolution in plant reproduction. *Palaeogeography, Palaeoclimatology, Palaeoecology* 232, 251–293; Friis, E.M., Pedersen, K.R., and Crane, P.R. (2010). Diversity in obscurity: fossil flowers and the early history of angiosperms. *Philosophical Transactions of the Royal Society B* 365, 369–382; Brown, S.A.E., Scott, A.C., Glasspool, I.J., and Collinson, M.E. (2012). Cretaceous wildfires andtheir impact on the Earth system. *Cretaceous Research* 36, 162–190.

28. Eklund, H. (2003). First Cretaceous flowers from Antarctica. *Reviewof Palaeobotany and Palynology* 127, 187–217; Eklund, H., Cantrill, D.J., and Francis, J.E. (2004). Late Cretaceous plant mesofossils from Table Nunatak, Antarctica. *Cretaceous Research* 25, 211–228.

29. Bond, W.J. and Scott, A.C. (2010). Fire and the spread of flowering plants in the Cretaceous. *New Phytologist* 118, 1137–1150. 也请参阅我们的新闻稿，网址如下：https://www.royalholloway.ac.uk/research/news/newsar- ticles/firefuels flowerssuccess.aspx。

30. Evans, D.C., Eberth, D.A., and Ryan, M.J. (2015). Hadrosaurid(*Edmontosaurus*)

bonebeds from the Horseshoe Canyon Formation (Horsethief Member) at Drumheller, Alberta, Canada: geology, pre-liminary taphonomy, and significance. *Canadian Journal of Earth Sciences* 52, 642–654.

31. Keeley, J.E., Pausas, J.G., Rundel, P.W., Bond, W.J., and Bradstock, R.A. (2011). Fire as an evolutionary pressure shaping plant traits. *Trends in Plant Science* 16, 406–411.

32. He, T., Pausas, J.G., Belcher, C.M., Schwilk, D.W., and Lamont, B.B. (2012). Fire-adapted traits of *Pinus* arose in the fiery Cretaceous. *New Phytologist* 194, 751–759.

33. He, T., Lamont, B.B., and Downes, K.S. (2011). *Banksia* born to burn. *New Phytologist* 191, 184–196; Lamont, B.B. and He, T. (2012). Fire adapted Gondwanan Angiosperm floras evolved in the Cretaceous. *BMC Evolutionary Biology* 12, article 223.

34. Carpenter, R.J., Macphail, M.K., Jordan, G.J., and Hill, R.S. (2015). Fossil evidence for open, Proteaceae-dominated heathlands and fire in the Late Cretaceous of Australia. *American Journal of Botany* 102, 1–16.

35. Kump, L. (1988). Terrestrial feedback in atmospheric oxygen regulaage tion by fire and phosphorous. *Nature* 335, 152–154.

36. Alvarez, L.W., Alvarez, W., Asaro, F., and Michal, H.V. (1980). Extraterrestrial cause for the Cretaceous–Tertiary extinction. *Science* 208, 1095–1108; Hildebrand, A.R. et al. (1991). Chicxulub crater: a possible Cretaceous–Tertiary boundary impact crater on the Yucatan Peninsula, Mexico. *Geology* 19, 867–871.

37. Wolbach, W.S., Lewis, R.S., and Anders, E. (1985). Cretaceous extinctions: evidence for wildfires and search for meteoritic material. *Science* 230, 167–230; Wolbach, W.S., Gilmour, I., Anders, E., Orth, C.J., and Brooks, R.R. (1988). Global fire at the Cretaceous–Tertiary boundary. *Nature* 334, 665–669; Wolbach, W.S., Gilmour I., and Anders, E. (1990). Major wildfires at the Cretaceous/Tertiary. *Geological Society of America Special Paper* 247, 391–400.

38. Jones, T.P. and Lim, B. (2000). Extraterrestrial impacts and wildfires. *Palaeogeography, Palaeoclimatology, Palaeoecology* 164, 57–66.

39. Scott, A.C., Lomax, B.H., Collinson, M.E., Upchurch, G.R., and Beerling, D.J. (2000). Fire across the K/T boundary: initial results from the Sugarite Coal, New Mexico, USA. *Palaeogeography, Palaeoclimatology, Palaeoecology* 164, 381–395.

40. Hildebrand et al. (1991).

41. Belcher, C.M., Collinson, M.E., Sweet, A.R., Hildebrand, A.R., and Scott, A.C. (2003). Fireball passes and nothing burns. The role of thermal radiation in the Cretaceous–Tertiary event: evidence from the charcoal record of North America. *Geology* 31, 1061–1064.

42. Belcher, C.M., Collinson, M.E., and Scott, A.C. (2005). Constraints on the thermal energy released from the Chicxulub impactor: new evidence from multi-method charcoal analysis. *Journal of the Geological Society* 162, 591–602.

43. Melosh, H.J., Schneider, N.M., Zahnle, K.J., and Latham, D. (1990). Ignition of global wildfires at the Cretaceous/Tertiary boundary. *Nature* 343, 251–254; Belcher, C.M. (2009). Reigniting the Cretaceous– Palaeogene firestorm debate. *Geology* 37, 1147–1148.

44. Harvey, M.C., Brassell, S.C., Belcher, C.M., and Montanari, A. (2008). Combustion of fossil organic matter at the K–P boundary. *Geology* 36, 335–358.

45. Belcher, C.M., Finch, P., Collinson, M.E., Scott, A.C., and Grassineau, N.V. (2009). Geochemical evidence for combustion of hydrocarbons during the K–T impact event. *Proceedings of the National Academyof Sciences* 106, 4112–4117.

46. 当我完成这部作品时，又出现了一个关于全球火灾的新说法，所以科学家将继续对此展开争论。Toon, O.B., Bardeen, C., and Garcia, R. (2016). Designing global climate and atmospheric chemistry simulations for 1 and 10km diameter asteroid impacts using the properties of ejecta from the K–Pg impact. *Atmospheric Chemistry And Physics* 16, 13185–13212.

第6章

1. Kennett, J.P. and Stott, L.D. (1991). Abrupt deep-sea warming, palae- oceanographic changes and benthic extinctions at the end of the Palaeocene. *Nature* 353, 225–229.

2. Dickens, G.R. (2003). Rethinking the global carbon cycle with a large, dynamic and microbially mediated gas hydrate capacitor. *Earth and Planetary Science Letters* 213, 169–183; Kurtz, A.C., Kump, L.R., Arthur, M.A., Zachos, J.C., and Paytan, A. (2003). Early Cenozoic decoupling of the global carbon and sulfur cycles.

Paleoceanography 18, article 1090; Sluijs, A., Schouten, S., Pagani, M., Woltering, M., Brinkhuis, H., Damsté, J.S.S., Dickens, G.R., Huber, M., Reichart, G.-J., and Stein, R. (2006). Subtropical Arctic Ocean temperatures during the Palaeocene/Eocene Thermal Maximum. *Nature* 441, 610–613.

3. Finkelstein, D.B., Pratt, L.M., and Brassell, S.C. (2006). Can biomass burning produce a globally significant carbon-isotope excursion in the sedimentary record? *Earth and Planetary Science Letters* 250, 501–510.

4. Kurtz et al. (2003).

5. Collinson, M.E., Hooker, J.J., and Gröcke, D.R. (2003). Cobham lignite bed and penecontemporaneous macrofloras of southern England: a record of vegetation and fire across the Paleocene–Eocene Thermal Maximum. In: S.L. Wing, P.D. Gingerich, B. Schmitz, and E. Thomas (eds), *Causes and Consequences of Globally Warm Climates in the Early Paleogene*. Geological Society of America, Special Papers 369, 333–349.

6. Steart, D.C., Collinson, M.E., Scott, A.C., Glasspool, I.J., and Hooker, J.J. (2007). The Cobham lignite bed: the palaeobotany of two petrographically contrasting lignites from either side of the Paleocene– Eocene carbon isotope excursion. *Acta Palaeobotanica* 47, 109–125.

7. 参见 Collinson, M.E., Steart, D.C., Scott, A.C., Glasspool, I.J., and Hooker, J.J. (2007). Episodic fire, runoff and deposition at the Palaeocene–Eocene boundary. *Journal of the Geological Society* 164, 87–97。

8. Steart et al. (2007).

9. Bowen, G.J., Beerling, D.J., Koch, P.L., Zachos, J.C., and Quattlebaum, T.A. (2004). Humid climate state during the Palaeocene/Eocene Thermal Maximum. *Nature* 432, 495–499; Schmitz, B. and Pujalte, V. (2007). Abrupt increase in seasonal extreme precipitation at the Paleocene–Eocene boundary. *Geology* 35, 215–218.

10. Collinson, M.E., Steart, D.C., Harrington, G.J., Hooker, J.J., Scott, A.C., Allen, L.O., Glasspool, I.J., and Gibbons, S.J. (2009). Palynological evidence of vegetation dynamics in response to palaeoenvironmental change across the onset of the Paleocene–Eocene Thermal Maximum at Cobham, Southern England. *Grana* 48, 38–66.

11. Collinson et al. (2009).

12. Pancost, R.D., Steart, D.S., Handley, L., Collinson, M.E., Hooker, J.J., Scott, A.C., Grassineau, N.J., and Glasspool, I.J. (2007). Increased terrestrial methane cycling at the Palaeocene–Eocene Thermal Maximum. *Nature* 449, 332–335.

13. Riegel, W., Wilde, V., and Lenz, O.K. (2012). The early Eocene of Schöningen (N-Germany): an interim report. *Austrian Journal of Earth Sciences* 105, 88–109; Robson, B.E., Collinson, M.E., Riegel, W., Wilde, V., Scott, A.C., and Pancost, R.D. (2014). A record of fire through the Early Eocene. *Rendiconti Online della Società Geologica Italiana* 31, 187–188.

14. Inglis, G.N., Collinson, M.E., Riegel, W., Wilde, V., Farnsworth, A., Lunt, D.J., Valdes, P., Robson, B.E., Scott, A.C., Lenz, O.K., Naafs, D.A., and Pancost, R.D. (2017). Mid-latitude continental temperatures through the early Eocene in Western Europe. *Earth and Planetary Science Letters* 460, 86–96.

15. Robson et al. (2014).

16. Holdgate, G.R., Wallace, M.W., Sluiter, I.R.K., Marcuccioa, D., Fromhold, T.A., and Wagstaff, B.E. (2014). Was the Oligocene–Miocene a time of fire and rain? Insights from brown coals of the southeastern Australia Gippsland Basin. *Palaeogeography, Palaeo- climatology, Palaeoecology* 411, 65–78.

17. Herring, J.R. (1985). Charcoal fluxes into sediments of the North Pacific Ocean: the Cenozoic record of burning. In: *The Carbon Cycle and Atmospheric CO2: Natural Variations Archean to Present*. Geophysical Monographs 32, 419–442.

18. Cerling, T.E., Wang, Y., and Quade, J. (1993). Expansion of C4 ecosystems as an indicator of global ecological change in the late Miocene. *Nature* 361, 344–345.

19. Urban, M.A., Nelson, D.M., Street-Perrott, F.A., Verschuren, D., and Hu, F.S. (2015). A late-Quaternary perspective on atmospheric pCO2, climate, and fire as drivers of C4-grass abundance. *Ecology* 96, 642–653.

20. Bond, W.J., Woodward, F.I., and Midgley, G.F. (2005). The global distribution of ecosystems in a world without fire. *New Phytologist* 165, 525–538; Keeley, J.E. and Rundel, P.W. (2005). Fire and the Miocene expansion of C4 grasslands. *Ecology Letters* 8, 683–690; Osborne, C.P. (2008). Atmosphere, ecology and evolution: what drove the Miocene expansion of C-4 grasslands? *Journal of Ecology* 96, 35–45; Beerling, D.J. and Osborne, C.P. (2006). Origin of the savanna biome. *Global Change Biology* 12, 2023–2031; Staver, A.C., Archibald, S., and Levin, S.A. (2011). The global extent and determinants of savanna and forest as alternative biome states.

Science 334, 230–232.

21. Thorn, V.C. and DeConto, R. (2006). Antarctic climate at the Eocene/ Oligocene boundary: climate model sensitivity to high latitude vegetation type and comparisons with the palaeobotanical record. *Palaeogeography, Palaeoclimatology, Palaeoecology* 231, 134–157; Francis, J.E. and Hill, R.S. (1996). Fossil plants from the Pliocene Sirius Group, transantarctic mountains: evidence for climate from growth rings and fossil leaves. *PALAIOS* 11, 389–396.

22. Hill, D.J., Haywood, A.M., Valdes, P.J., Francis, J.E., Lunt, D.J., Wade, B.S., and Bowman, V.C. (2013). Paleogeographic controls on the onset of the Antarctic circumpolar current. *Geophysical Research Letters* 40, 5199–5204; Siegert, M.J., Barrett, P., Decont, R., Dunbar,R., Cofaigh, C.O., Passchier, S., and Naish, T. (2008). Recent advancesin understanding Antarctic climate evolution. *Antarctic Science* 20, 313–325.

23. http://www.gpwg.org/gpwgdb.html.

24. Swetnam, T.W. (1993). Fire history and climate change in giant sequoia groves. *Science* 262, 885–889.

25. Westerling, A.L., Hidalgo, H.G., Cayan, D.R., and Swetnam, T.W. (2006). Warming and earlier spring increase western U.S. forest wildfire activity. *Science*, 313, 940–943.

26. Marlon, J.R., Bartlein, P.J., Walsh, M.K., Harrison, S.P., Brown, K.J., Edwards, M.E., Higuera, P.E., Power, M.J., Anderson, R.S., Briles, C., Brunelle, A., Carcaillet, C., Daniels, M., Hu, F.S., Lavoie, M., Long, C.,Minckley, T., Richard, P.J.H., Scott, A.C., Shafer, D.S., Tinner, W.,Umbanhowar, C.E., Jr, and Whitlock, C. (2009). Wildfire responsesto abrupt climate change in North America. *Proceedings of the National Academy of Sciences* 106, 2519–2524.

27. Kerr, R.A. (2007). Mammoth-killer impact gets mixed reception from Earth scientists. *Science* 316, 1264–1265; Firestone, R.B., West, A., Kennett, J.P., et al. (2007). Evidence for an extraterrestrial impact 12,900 years ago that contributed to the megafaunal extinctions and the Younger Dryas cooling. *Proceedings of the National Academy of Sciences* 104, 16016–16021. 1.6 万年前发生的三次密切相关的降温事件中的最后一次事件发生在小冰河时期，即 2.7 万至 2.4 万年前的最后一次冰河时代结束之后。它是以这一时期欧洲的一种常见花来命名的，这种花在寒冷的气候条件下能茁壮成长。

28. Firestone et al. (2007).

29. Kennett, D.J., Kennett, J.P., West, C.J., et al. (2008). Wildfire and abrupt ecosystem disruption on California's Northern Channel Islands at the Allerod–Younger Dryas boundary (13.0–12.9 ka).*Quaternary Science Reviews* 27, 2530–2545.

30. Pinter, N., Scott, A.C., Daulton, T.L., Podoll, A., Koeberl, C., Anderson, R.S., and Ishman, S.E. (2011). The Younger Dryas impact hypothesis: a requiem. *Earth Science Reviews* 106, 247–264.

31. Kennett, D.J., Kennett, J.P., West, A., et al. (2009). Nanodiamonds in the Younger Dryas boundary sediment layer. *Science* 323, 94. 但也参见 Daulton, T.L., Amari, S., Scott, A.C., Hardiman, M., Pinter, N., andAnderson, R.S. (2017). Comprehensive analysis of nanodiamond evidence relating to the Younger Dryas impact hypothesis. *Journal of Quaternary Science* 32, 7–34。

32. Scott, A.C., Pinter, N., Collinson, M.E., Hardiman, M., Anderson, R.S., Brain, A.P.R., Smith, S.Y., Marone, F., and Stampanoni, M. (2010). Fungus, not comet or catastrophe, accounts for carbonaceous spherules in the Younger Dryas "impact layer". *Geophysical Research Letters* 37, L14302.

33. Scott et al. (2010). 另见 Scott, A.C., Hardiman, M., Pinter, N.P., Anderson, R.S., Daulton, T.L., Ejarque, A., Finch, P., and Carter- Champion, A. (2017). Interpreting palaeofire evidence from fluvial sediments: a case study from Santa Rosa Island, California with implications for the Younger Dryas impact hypothesis. *Journal of Quaternary Science* 32, 35–47。

34. Daulton, T.L., Pinter, N., and Scott, A.C. (2010). No evidence of nanodiamonds in Younger Dryas sediments to support an impact event. *Proceedings of the National Academy of Sciences* 107, 16043–16047. 另见 Daulton et al. (2017)。

第 7 章

1. Gowlett, J. (2010). Firing up the social brain. In: R. Dunbar, C. Gamble, and J. Gowlett (eds), *Social Brain and Distributed Mind*, pp. 345–370. The British Academy, London; Gowlett, J. and Wrangham, R.W. (2013). Earliest fire in Africa: the convergence of archaeological evidence and the cooking hypothesis. *Azania: Archaeological Research in Africa* 48, 5–30; Twomey, T. (2013). The cognitive

implications ofcontrolled fire use by early humans. *Cambridge Archaeological Journal* 23, 113–128; Dunbar, R.I.M. and Gowlett, J. (2014). Fireside chat: the impact of fire on hominin socioecology. In: R.I.M. Dunbar, C. Gamble, and J. Gowlett (eds), *Lucy to Language: The Benchmark Papers*, pp. 277–296. Oxford University Press, Oxford; Smith, A.R., Carmody,R.N., Dutton, R.J., et al. (2015). The significance of cooking for early hominin scavenging. *Journal of Human Evolution* 84, 62–70.

2. Gowlett and Wrangham (2013); Gowlett, J. (2010). Firing up the social brain. In: R. Dunbar, C. Gamble, and J. Gowlett (eds), *Social Brain and Distributed Mind*, pp. 345–370. Oxford University Press, Oxford, table 17.1, p. 349.

3. Warneken, F. and Rosati, A.G. (2015). Cognitive capacities for cooking in chimpanzees. *Proceedings of the Royal Society B* 282, 1809.

4. Wrangham, R. (2009). *Catching Fire: How Cooking Made Us Human*. Basic Books, New York; Rowlett, R.M. (2000). Fire control by *Homo erectus* in East Africa and Asia. *Acta Anthropologica Sinica*, Supplementto 19, 198–208; Clark, J.D and Harris, J.W.K. (1985). Fire and its roles in early hominid lifeways. *African Archaeological Review* 3, 3–27.

5. Zhong, M., Shi, C., Gao, X., Wu, X., Chen, F., Zhang, S., Zhang, X.,and Olsen, J.W. (2014). On the possible use of fire by *Homo erectus* at Zhoukoudian, China. *Chinese Science Bulletin* 59(3), 335–343.

6. Roebroeks, W. and Villa, P. (2011). On the earliest evidence for habitual use of fire in Europe. *Proceedings of the National Academy of Sciences* 108, 5209–5214.

7. Bellomo, R.V. (1993). A methodological approach for identifying archaeological evidence of fire resulting from human activities. *Journal of Archaeological Science* 20, 525–555.

8. Dibble, H., Berna, F., Goldberg, P., McPherron, S.J.P., Mentzer, S., Niven, L., et al. (2009). A preliminary report on Pech de l'Azé IV, Layer 8 (Middle Paleolithic, France). *PaleoAnthropology*, 182–219, 187.

9. Mentzer, S.M. (2012). Microarchaeological approaches to the identification and interpretation of combustion features in prehistoric archaeological sites. *Journal of Archaeological Method and Theory* 21, 616–668.

10. Berna, F., Goldberg, P., Horwitz, L.K., Brink, J., Holt, S., Bamford, M., and

Chazang, M. (2001). Microstratigraphic evidence of *in situ* fire inthe Acheulean strata of Wonderwerk Cave, Northern Cape province, South Africa. *Proceedings of the National Academy of Sciences* 109(20), E1215–E1220.

11. James, S.R. (1989). Hominid use of fire in the Lower and Middle Pleistocene: a review of the evidence. *Current Anthropology* 30, 1–26; Sandgathe, D.M., Dibble, H.L., Goldberg, P., McPherron, S.P., Turq, A., Niven, L., and Hodgkins, J. (2011). Timing of the appearance of habitual fire use. *Proceedings of the National Academy of Sciences* 108, E298.

12. Roebroeks and Villa (2011).

13. 另见 Goren-Inbar, N., Alperson, N., Kislev, M.E., Simchoni, O.,Melamed, Y., Ben-Nun, A., and Werker, E. (2004). Evidence of hominin control of fire at Gesher Benot Ya ‘aqov, Israel. *Science* 304, 725–727;Alperson-Afil, N. (2008). Continual fire-making by hominins atGesher Benot Ya ‘aqov, Israel. *Quaternary Science Reviews* 27, 1733–1739。

14. Shimelmitz, R., Kuhn, S.L., Jelinek, A.J., et al. (2014). “Fire at will” : the emergence of habitual fire use 350,000 years ago. *Journal of Human Evolution* 77, 196–203.

15. Shahack-Gross, R., Berna, F., Karkanas, P., Lemorini, C., Gopher, A., and Barkai, R. (2014). Evidence for the repeated use of a central hearth at Middle Pleistocene (300 ky ago) Qesem Cave, Israel. *Journal of Archaeological Science* 44, 12–21.

16. Thieme, H. (1998). The oldest spears in the world: Lower Palaeolithic hunting weapons from Schöningen, Germany. In: E. Carbonell, J.M.Bermudez de Castro, J.L. Arsuaga, and X.P. Rodriguez (eds), *The FirstEuropeans: Recent Discoveries and Current Debate*, pp. 169–93. Aldecoa, Burgos; Stahlschmidt, M.C., Miller, C.E., Ligouis, B., Hambach, U.,Goldberg, P., Berna, F., Richter, D., Urban, B., Serangeli, J., and Conard, N.J. (2015). On the evidence for human use and control of fire at Schöningen. *Journal of Human Evolution* 89, 181–201.

17. 参见 description by Preece, R.C., Gowlett, J., Parfitt, S.A., Bridgland,D.R., and Lewis, S.G. (2006). Humans in the Hoxnian: habitat, context and fire use at Beeches Pit, West Stow, Suffolk, UK. *Journal Of Quaternary Science* 21(5), 485–496。

18. 参见 Gowlett and Wrangham (2013) 最近的讨论。

19. Bensten, S.E. (2014). Using pyrotechnology: fire-related features andactivities with a focus on the African Middle Stone Age. *Journal of Archaeological Research* 22,

141–175.

20. Karkanas, P., et al. (2007). Evidence for habitual use of fire at the endof the Lower Paleolithic: site-formation processes at Qesem Cave, Israel. *Journal of Human Evolution* 53, 197–212; Alperson-Afil, N. andGoren-Inbar, N. (2010). *The Acheulian Site of Gesher Benot Ya'aqov: Ancient Flames and Controlled Use of Fire*. Springer, New York, volume 2; Roos, C.I., Bowman, D.M.J.S., Balch, J.K., Artaxo, P., Bond, W.J., Cochrane, M., D'Antonio, C.M., DeFries, R., Mack, M., Johnston, F.H., Krawchuk, M.A., Kull, C.A., Moritz, M.A., Pyne, S., Scott, A.C., and Swetnam, T.M. (2014). Pyrogeography, historical ecology, and the human dimensions of fire regimes. *Journal of Biogeography* 41,833–836.

21. Sorensen, A., Roebroeks, W., and van Gijn, A. (2014). Fire production in the deep past? The expedient strike-a-light model. *Journal of Archaeological Science* 42, 476–486, 477.

22. 参见 Chris Stringe 的评论，网址：http://www.bbc.co.uk/news/ science-environment-32976352。

23. Koller, J., Baumer, U., and Mania, D. (2001). High-tech in the Middle Palaeolithic: Neandertal-manufactured pitch identified. *EuropeanJournal of Archaeology* 4, 385–397.

24. Jones, M. (2002). *The Molecule Hunt: Archaeology and the Search for Ancient DNA*. Allen Lane, London.

25. Brown, T., Allaby, R., Sallares, R., and Jones, G. (1998). Ancient DNAin charred wheats: taxonomic identification of mixed and single grains. *Ancient Biomolecules* 2, 185–193.

26. Brown, T.A., Cappellini, E., Kistler, L., Lister, D.L., Oliveira, H.R., Wales, N., and Sclumbaum, A. (2015). Recent advances in ancient DNA research and their implications for archaeobotany. *Vegetation Historyand Archaeobotany* 24, 207–214; Fernandez, E., Thaw, S., Brown, T.A., Arroyo-Pardo, E., Buxó, R., Serret, M.D., and Araus, J.L. (2013). DNA analysis in charred grains of naked wheat from several archaeologicalsites in Spain. *Journal of Archaeological Science* 40, 659–670; Brown, T.A. and Brown, K.A. (2011). *Biomolecular Archaeology: An Introduction.* Wiley-Blackwell, Chichester; Brown, T.A. (1999). How ancient DNA may help in understanding the origin and spread of agriculture. *Philosophical Transactions of the Royal Society B* 354, 89–98.

27. Brown et al. (2015).

28. Margaritis, E. and Jones, M. (2006). Beyond cereals: crop processing and Vitis vinifera L. Ethnography, experiment and charred grape remains from Hellenistic Greece. *Journal of Archaeological Science* 33(6), 784–805.

29. Chrzazvez, J., Thery-Parisot, I., Fiorucci, G., Terral, J.F., and Thibaut, B. (2014). Impact of post-depositional processes on charcoal fragmentation and archaeobotanical implications: experimental approach combining charcoal analysis and biomechanics. *Journal ofArchaeological Science* 44, 30–42; Henry, A. and Thery-Parisot, I. (2014). From Evenk campfires to prehistoric hearths: charcoal analysis as a tool for identifying the use of rotten wood as fuel. *Journal of Archaeological Science* 52, 321–336; Thery-Parisot, I. and Henry, A. (2012). Seasoned or green? Radial cracks analysis as a method for identifying the use of green wood as fuel in archaeological charcoal.*Journal of Archaeological Science* 39, 381–388.

30. Bliege Bird, R., Bird, D.W., Codding, B.F., Parker, C.H., and Jones, J.H. (2008). The "fire stick farming" hypothesis: Australian Aboriginal foraging strategies, biodiversity, and anthropogenic fire mosaics. *Proceedings of the National Academy of Sciences* 105, 14796–14801.

31. Archibald, S., Staver, A.C., and Levin, S.A. (2012). Evolution of human driven fire regimes in Africa. *Proceedings of the National Academy of Sciences* 109, 847–852; Pyne, S.J. (1992). *Burning Bush. A Fire History of Australia*. Allen and Unwin, Sydney; Pyne, S.J. (2001). *Fire: A Brief History*. University of Washington Press, Seattle.

32. Scott et al. (2014); Archibald, S. (2016). Managing the human component of fire regimes: lessons from Africa. *Philosophical Transactionsof the Royal Society B* 371, 20150346.

33. Pyne (1992); Gould, R.A. (1971). Uses and effects of fire among the western desert Aborigines of Australia. *Mankind* 8, 14–24; Williams,A.N., Mooney, S.D., Sisson, S.A., and Marlon, J. (2015). Exploring therelationship between Aboriginal population indices and fire in Australia over the last 20,000 years. *Palaeogeography, Palaeoclimatology, Palaeoecology* 432, 49–57.

34. Swetnam, T.W., Farella, J., Roos, C.I., Liebmann, M.J., Falk, D.A., andAllen, C.D. (2016). Multi-scale perspectives of fire, climate and humans in western North

America and the Jemez Mountains, USA. *Philosophical Transactions of the Royal Society B* 371, 20150168.

35. Turney, C.S.M., Kershaw, A.P., Moss, P., et al. (2001). Redating theonset of burning at Lynch's Crater (North Queensland): implications for human settlement in Australia. *Journal of Quaternary Science* 16, 767–71.

36. Daniau, A.-L., d'Errico, F., and Sánchez Goñi, M.F. (2010). Testing the hypothesis of fire use for ecosystem management by Neanderthal and Upper Palaeolithic modern human populations. *PLoS ONE* 5(2), e9157.

37. Hardiman, M., Scott, A.C., Pinter, N.P., Anderson, R.S., Ejarque, A., and Carter-Champion, A. (2016). Fire history on California Channel Islands spanning human arrival in the Americas. *Philosophical Transactions of the Royal Society B* 371, 20150167.

38. Hardiman et al. (2016); Muhs, D.R., Simmons, K.R., Groves, L.T., et al. (2015). Late Quaternary sea-level history and the antiquity of mammoths (*Mammuthus exilis* and *Mammuthus columbi*), Channel Islands National Park, California, USA. *Quaternary Research* 83, 502–521.

39. Balch, J., Nagy, R., Archibald, S., Bowman, D., Moritz, M., Roos, C., Scott, A.C., and Williamson, G. (2016). Global combustion: the con-nection between fossil fuel and biomass burning emissions (1997– 2010). *Philosophical Transactions of the Royal Society B* 371, 20150177.

40. Westerling, A.L., Hidalgo, H.G., Cayan, D.R., and Swetnam, T.W. (2006). Warming and earlier spring increase western U.S. forest wildfire activity. *Science* 313, 940–943; Westerling, A.L., Turner, M.G., Smithwick, E.A.H., Romme, W.H., and Ryan, M.G. (2011). Continued warming could transform Greater Yellowstone fire regimes by mid-21st century. *Proceedings of the National Academy of Sciences* 108, 13165–13170; Westerling, A.L.R. (2016). Increasing western US forest wildfire activity: sensitivity to changes in the timing of spring. *Philosophical Transactions of the Royal Society B* 371, 20150178.

第 8 章

1. 这是英国皇家学会于 2015 年 9 月举行的名为“火与人类”的会议主题，参见

Scott, A.C., Chaloner, W.G., Belcher, C., and Roos, C. (eds) (2016). The interaction of fire and mankind. *Philosophical Transactions of the Royal Society B* 371。

2. Collinson, M.E., and Crane, P. R. (1978). *Rhododendron* seeds from Palaeocene of southern England. *Botanical Journal of the Linnean Society* 76(3), 195–205.

3. Pearce, F. (2015). *The New Wild: Why Invasive Species Will Be Nature's Solution*. Icon Books, London.

4. Crisp, M.D., Burrows, G.E., Cook, L.G., Thornhill, A.H., and Bowman, D.M.J.S. (2011). Flammable biomes dominated by eucalypts originated at the Cretaceous–Palaeogene boundary. *Nature Communications* 2, 193.

5. Balch, J.K., Bradley, B.A., D'Antonio, C.M., and Gomez-Dans, J. (2013). Introduced annual grass increases regional fire activity across the arid western USA (1980–2009). *Global Change Biology* 19, 173–183; Butler, D.W., Fensham, R.J., Murphy, B.P., Haberle, S.G., Bury, S.J., and Bowman, D.M.J.S. (2014). Aborigines managed forest, savanna and grassland: biome switching in montane eastern Australia. *Journal of Biogeography* 41, 1492–1505.

6. 参见 Scott et al. (2014); Olsson, A.D., Betancourt, J., McClaran, M.P., et al. (2012). Sonoran Desert ecosystem transformation by a C4 grass without the grass/fire cycle. *Diversity and Distributions* 18, 10–21. Springer, A.C., Swann, D.E., and Crimmins, M.A. (2015). Climate change impacts on high elevation saguaro range expansion. *Journal of Arid Environments* 116, 57–62; Brooks, M.L., D'Antonio, C.M., Richardson, D.M., et al. (2004). Effects of invasive alien plants on fireregimes. *Bioscience* 54, 677–688。

7. Mistry, J., Bilbao, B., and Berardi, A. (2016). Engineering and innovation community owned solutions for fire management in tropical forest and savanna ecosystems: case studies from indigenous communities of South America. *Philosophical Transactions of the Royal Society B*, 371, 20150174.

8. Cochrane, M.A. (2003). Fire science for rainforests. *Nature* 421, 913–919; Cochrane, M.A. (ed.) (2009). *Tropical Fire Ecology: Climate Change, Land Use and Ecosystem Dynamics*. Springer, Berlin; Davidson, E.A., de Araujo, A.C., Artaxo, P., et al. (2012). The Amazon basin in transition. *Nature* 481, 321–328; Balch, J.K., Brando, P.M., Nepstad, D.C., et al. (2015). The susceptibility of southeastern Amazon forests to fire: insights from a large-scale burn experiment. *Bioscience* 65, 893–905.

9. Mistry et al. (2016).

10. Nawrotzki, R.J., Brenkert-Smith, H., Hunter, L.M., et al. (2014). Wildfire-migration dynamics: lessons from Colorado's Four Mile Canyon Fire. *Society & Natural Resources* 27, 215–225.

11. Moody, J.A. and Ebel, B.A. (2012). Hyper-dry conditions provide new insights into the cause of extreme floods after wildfire. *Catena* 93, 58–63.

12. 2013 年，美国亚利桑那州凤凰城附近发生了亚内尔山火（Yarnell Hill Fire）。去灭火的人回来着重提及消防员的死亡问题，因为当时有 19 名消防员在这场由闪电引发的野火中丧身。参见网址：https://en.wikipedia.org/wiki/ Yarnell_Hill_Fire。

13. 参见如下有益的相关讨论：Doerr, S. and Santín, C. (2016). The "wild-fire problem" : perceptions and realities in a changing world. *Philosophical Transactions of the Royal Society B* 371, 20150345。备受推崇的《科学》(*Science*) 杂志也强调了这个问题：Topik, C. (2015). Wildfires burn science capacity. *Science* 349, 1263; North, M.P., Stephens, S.L., Collins, B.M., Agee, J.K., Aplet, G., Franklin, J.F., and Fulé, P.Z. (2015). Reform forest fire management: agency incentives undermine policy effectiveness. *Science* 349, 1280–1281。

14. Bowman, D.M.J.S., Balch, J., Artaxo, P., Bond, W.J., Cochrane, M.A., D'Antonio, C.M., DeFries, R., Johnston, F.H., Keeley, J.E., Krawchuk, M.A., Kull, C.A., Mack, M., Moritz, M.A., Pyne, S.J., Roos, C.I., Scott, A.C., Sodhi, N.S., and Swetnam, T.W. (2011). The human dimension of fire regimes on Earth. *Journal of Biogeography* 38, 2223–2236; Roos, C.I., Bowman, D.M.J.S., Balch, J.K., Artaxo, P., Bond, W.J., Cochrane, M., D'Antonio, C.M., DeFries, R., Mack, M., Johnston, F.H., Krawchuk, M.A., Kull, C.A., Moritz, M.A., Pyne, S., Scott, A.C., and Swetnam, T.M. (2014). Pyrogeography, historical ecology, and the human dimensions of fire regimes. *Journal of Biogeography* 41, 833–836.

15. Doerr and Santin (2016).

16. Earles, T.A., Wright, K.R., Brown, C., et al. (2004). Los Alamos forest fire impact modeling. *Journal of the American Water Resources Association* 40, 371–384; Holloway, M. (2000). Uncontrolled: the Los Alamos blaze exposes the missing science of forest management. *Scientific American* 283, 16–17.

17. Scott et al.

18. Johnson, B. (1984). *The great fire of Borneo: report of a visit to Kalimantan- Timur a year later, May 1984*. World Wildlife Fund, Godalming.

19. Bowman, D.M.J.S., et al. (2009). Fire in the Earth System. *Science* 324,481–484; Scott et al. (2014); Bowman, D.M.J.S., Perry, G., Higgins, S., Johnson, C., and Murphy, B. (2016). Pyrodiversity and biodiversity are coupled because fire is embedded in food-webs. *Philosophical Transactions of the Royal Society B* 371, 20150169; Pringle, R.M., Kimuyu, D.M., Sensenig, R.L., et al. (2015). Synergistic effects of fire and elephants on arboreal animals in an African savanna. *Journal of AnimalEcology* 84, 1637–1645; Strahan, R.T., Stoddard, M.T., Springer, J.D., et al. (2015). Increasing weight of evidence that thinning and burning treatments help restore understory plant communities in ponderosa pine forests. *Forest Ecology and Management* 353, 208–220; Keane, R.E., McKenzie, D., Falk, D.A., et al. (2015). Representing climate, disturbance, and vegetation interactions in landscape models. *Ecological Modelling* 309, 33–47.

20. 参见 Keeley, J.E., Bond, W.J., Bradstock, R.A., Pausas, J.G., and Rundel, P.W. (2012). *Fire in Mediterranean Climate Ecosystems: Ecology, Evolution and Management*. Cambridge University Press, Cambridge; Sugihara, N.G., Van Wagtendonk, J.W., Shaffer, K.E., Fites, K.J., and Thode, A.E. (eds) (2006). *Fire in California's Ecosystems*. University of California Press, Berkeley. 还有一个非常好的网站，以非常平衡的方式讨论了许多重要问题：http://www.cali- forniachaparral.com; Mortiz, M.A., Batlori, E., Bradstock, R.A., Gill, A.M., Handmer, J., Hessburg, P.F., Leonard, J., McCaffrey, S., Odion, D.C., Schoennagel, T., and Syphard, A.D. (2014). Learning tocoexist with wildfire. *Nature* 525, 58–66。

21. Bond, W. and Zaloumis, N.P. (2016). The deforestation story: testing for anthropogenic origins of Africa's flammable grassy biomes. *Philosophical Transactions of the Royal Society B* 371, 20150170.

22. Davies, G.M., Kettridge, N., Stoof, C.R., Gray, A., Ascoli, D., Fernandes, P.M., Marrs, R., Allen, K.A., Doerr, S.H., Clay, G.D., McMorrow, J., and Vandvik, V. (2016). The role of fire in UK peatland and moorland management: the need for informed, unbiased debate. *Philosophical Transactions of the Royal Society B* 371, 20150342.

23. Johnston, F.H., Henderson, S.B., Chen, Y., Randerson, J.T., Marlier, M., DeFries, R.S., Kinney, P., Bowman, D.M.J.S., and Brauer, M. (2012). Estimated global mortality attributable to smoke from landscape fires. *Environmental Health Perspectives* 120,

695–701; Tse, K., Chen, L., Tse, M., et al. (2015). Effect of catastrophic wildfires on asthmatic outcomes in obese children: breathing fire. *Annals ofAllergy, Asthma & Immunology* 114, 308–311.

24. Johnston, F., Melody, S., and Bowman, D.M.J.S. (2016). The pyrohealth transition: how fire emissions have influenced human health from the Pleistocene to the Anthropocene. *Philosophical Transactions of the Royal Society B* 371, 20150173.

25. Johnston, F.H., Henderson, S.B., Chen, Y., Randerson, J.T., Marlier,M., DeFries, R.S., Kinney, P., Bowman, D.M.J.S., and Brauer, M. (2012). Estimated global mortality attributable to smoke from landscape fires. *Environmental Health Perspectives* 120, 695–701.

26. Moritz, M.A., Moody, T.J., Krawchuk, M.A., Hughes, M., and Hall, A. (2010). Spatial variation in extreme winds predicts large wildfire locations in chaparral ecosystems. *Geophysical Research Letters* 37, L04801; Peterson, S.H., Moritz, M.A., Morais, M.E., et al. (2011). Modelling long-term fire regimes of southern California shrub-lands. *International Journal of Wildland Fire* 20, 1–16; Moritz, M.A., Parisien, M.-A., Batllori, E., Krawchuk, M.A., Van Dorn, J., Ganz, D.J., and Hayhoe, K. (2012). Climate change and disruptions to globalfire activity. *Ecosphere* 3(6) A49, 1–22; Chornesky, E.A., Ackerly, D.D., Beier, P., et al. (2015). Adapting California's ecosystems to a changing climate. *Bioscience* 65, 247–262; Barros, A.M.G., Pereira, J.M.C., Moritz, M.A., et al. (2013). Spatial characterization of wildfire orientation patterns in California. *Forests* 4, 197–217.

27. Archibald (2016); Bond, W. and Zaloumis, N.P. (2016). The deforestation story: testing for anthropogenic origins of Africa's flammable grassy biomes. *Philosophical Transactions of the Royal Society B* 371, 20150170.

28. 在过去几年里，消防规划取得了重大进展。参见 Gazzard, R., McMorrow, J., and Aylen, J. (2016). Emergency planning for wildfire in the United Kingdom: an evolving response from forestry, fire and rescue services. *Philosophical Transactions of the Royal Society B* 371, 20150341。

29. Scott, A.C., Chaloner, W.G., Belcher, C.M., and Roos, C. (2016). The interaction of fire and mankind: introduction. *Philosophical Transactions of the Royal Society B* 371, 20150162.

30. Martin, D.A. (2016). At the nexus of fire, water and society. *Philosophical Transactions of the Royal Society B* 371, 20150172.

31. Moritz, M.A., Batllori, E., Bradstock, R.A., et al. (2014). Learning to coexist with wildfire. *Nature* 515, 58–66. Doerr, S. and Santín, C. (2016). The "wildfire problem" : perceptions and realities in a changing world. *Philosophical Transactions of the Royal Society B*. 371, 20150345; Roos, C.I., Scott, A.C., Belcher, C.M., Chaloner, W.G., Aylen, J., BliegeBird, R., Coughlan, M.R., Johnson, B.R., Johnston, F.H., McMorrow, J., Steelman, T. and the Fire and Mankind Discussion Group (2016). Contradiction, conflict, and compromise: addressing the many dimensions of human–fire–climate relationships. *Philosophical Transactions ofthe Royal Society B* 371, 20150469.

32. Scott et al. (2016).

延伸阅读

关于野火的书籍很少，关于地质史上野火的书籍几乎没有。与我们为学生和研究者们写的故事相关的主题的更多信息可以在以下作品中找到。

Beerling, D. (2007). *The Emerald Planet: How Plants Changed Earth's History*. Oxford University Press, Oxford.

Belcher, C.M. (ed.) (2013). *Fire Phenomena in the Earth System: AnInterdisciplinary Approach to Fire Science.* John Wiley and Sons, Chichester.

Berner, R. A. (2004). *The Phanerozoic Carbon Cycle*. Oxford UniversityPress, Oxford.

Burton, F.D. (2009). *Fire: The Spark that Ignited Human Evolution*. University of New Mexico Press, Albuquerque.

Cerdà, A. and Robichaud, P. (eds) (2009). *Fire Effects on Soils and Restoration Strategies*. Science Publishers Inc., New Hampshire.

Cochrane, M. A. (ed.) (2009). *Tropical Fire Ecology: Climate Change, Land Use and Ecosystem Dynamics*. Springer, Berlin.

Dunbar, R.I. M., et al. (2014). *Lucy to Language*. Oxford University Press, Oxford.

Keeley, J.E., Bond, W.J., Bradstock, R.A., Pausas, J.G., and Rundel, P.W. (2012). *Fire in Mediterranean Climate Ecosystems: Ecology, Evolution and Management*. Cambridge University Press, Cambridge.

Kennedy, R.G. (2006). *Wildfire and Americans. How to Save Lives, Property, and Your Tax Dollars*. Hill and Wang, New York.

Peluso, B. (2007). *The Charcoal Forest: How Fire Helps Animals and Plants*. Mountain Press Publishing Company, Missoula, MT.

PYNE, S.J. (1982). *Fire in America: A Cultural History of Wildland and Rural Fire*. Princeton University Press, Princeton, NJ.

PYNE, S.J. (1992). *Burning Bush: A Fire History of Australia*. Allen and Unwin,Sydney.

PYNE, S.J. (1997). *Vestal Fire: An Environmental History, Told through Fire, of Europe and of Europe's Encounter with the World*. University of Washington Press, Seattle.

PYNE, S.J. (2001). *Fire: A Brief History*. University of Washington Press,Seattle.

PYNE, S.J. (2002). *Year of the Fires: The Story of the Great Fires of 1910*. Penguin, London.

PYNE, S.J. (2007). *Awful Splendour: A Fire History of Canada*. University ofBritish Columbia Press, Vancouver.

PYNE, S.J. (2012). *Fire: Nature and Culture*. Reaktion Books, London.

SCOTT, A.C., MOORE, J., AND BRAYSHAY, B. (EDS) (2000). Fire and the Palaeoenvironment. *Palaeogeography, Palaeoclimatology, Palaeoecology* 164, 1–412.

SCOTT, A.C. AND DAMBLON, F. (EDS) (2010). Charcoal and its use in palaeoenvironmental analysis. *Palaeogeography, Palaeoclimatology, Palaeoecology* 291, 1–165.

SCOTT, A.C., BOWMAN, D.J.M.S., BOND, W.J., PYNE, S.J., AND ALEXANDER, M. (2014). *Fire on Earth: An Introduction.* John Wiley andSons, Chichester.

SCOTT, A.C., CHALONER, W.G., BELCHER, C. M., AND ROOS, C. (EDS) (2016). The interaction of fire and mankind. *Philosophical Transactions of the Royal Society B* 371.

WILLIS, K.J. AND MCELWAIN, J.C. (2014). *The Evolution of Plants*, 2nd edition. Oxford University Press, Oxford.

WRANGHAM, R.W. (2009). *Catching Fire: How Cooking Made Us Human*. Profile Books, London.

图表来源

1a. A.C. Scott.

1b. A.C. Scott.

2. 图片由 T. Swetnam 提供，源自美国国家航空航天局 Terra Nova 数据库。

3. A.C. Scott.

4. 转载自 *International Journal of Coal Geology* 12, A.C. Scott, Observations on the nature and origin of fusain, pp. 443–475, Copyright (1989), figure 1，经 Elsevier 许可。

5. 图片由 J. Moody 提供。

6. 图片由 J. Moody 提供。

7. 照片源自 D. Neary, USFS。

8. 改编自 papers of Glasspool and Scott。

9. 美国国家航空航天局地球观测站，2015 年 9 月 24 日，http:// earthobservatory.nasa.gov/NaturalHazards/view.php?id=40182。

10. 图片由 T. Swetnam 提供。

11. A.C. Scott.

12. A.C. Scott.

13a. A.C. Scott.

13b. A.C. Scott.

14. 图片由 S. Baldwin 提供。

15. 源自 Lyell, C., 1847. On the structure and probable age of the coal- field of the

James River, near Richmond, Virginia. *Q. J. Geol.Soc*. London III, 261–288。

16. H. Stopes-Roe.

17a. *Micrographia.*

17b. A.C. Scott.

18. A.C. Scott.

19. 转载自 *Palaeogeography, Palaeoclimatology, Palaeoecology*, 291, Scott, A.C., Charcoal recognition, taphonomy and uses in palaeoenvironmental analysis, pp. 11–39, Copyright (2010), figure7, with permission from Elsevier。

20. 转载自 *Palaeogeography, Palaeoclimatology, Palaeoecology*, 291, Scott, A.C., Charcoal recognition, taphonomy and uses in palaeoenvironmental analysis, pp. 11–39, Copyright (2010), figure8, with permission from Elsevier。

21. A.C. Scott.

22. 源自 G. Nichols提供的资料。

23a. A.C. Scott.

23b. A.C. Scott.

24. 经美国地质学会许可重新出版，from Charcoal reflectance as a proxy for the emplacement temperature of pyroclastic flow deposits. Scott, A.C. and Glasspool, I.J., *Geology* 33, 2005, pp. 589–592；通过版权许可中心公司传达许可。

25. 改编自各种资料。

26. 图片由 Steve Greb 提供。

27a. A.C. Scott.

27b. 图片由 Steve Greb 提供，figure 11 in Greb, S.F., DiMichele, W.A., and Gastaldo, R.A., 2006, Evolution and importance of wetlands in earth history, in Greb, S.F. and DiMichele, W.A., Wetlands through time: Geological Society of America Special Paper 399, pp. 1-40, doi:10.1130/2006.2399(01)。

28a. A.C. Scott.

28b. A.C. Scott.

29. © BalazsKovacs/Depositphotos.comBalazsKovacs/Depositphotos.com.

30. 改编自 Glasspool, I.J. and Scott, A.C. 2010. Phanerozoic concentrations of atmospheric

oxygen reconstructed from sedimentary charcoal. *Nature Geoscience* 3, 627–630。

31. 图片由 Steve Greb 提供。

32. 改编自 Glasspool, I.J. and Scott, A.C. 2010. Phanerozoicconcentrations of atmospheric oxygen reconstructed from sedimentary charcoal. *Nature Geoscience* 3, 627–630。

33. 改编自 Glasspool, I.J. and Scott, A.C. 2010. Phanerozoicconcentrations of atmospheric oxygen reconstructed from sedimentary charcoal. *Nature Geoscience* 3, 627–630。

34. 修改自 Berner R.A., Beerling, D.J., Dudley, R., Robinson, J.M., Wildman, R.A., 2003. Phanerozoic atmospheric oxygen. *Annual Review of Earth and Planetary Sciences* 31, 105–134。

35. 艺术作品源自 Richard Bizley, www.bizleyart.com。

36. Rimmer, S.M., Hawkins,S.J., Scott, A.C., and Cressler, III, W.L. 2015. The rise of fire: fossil charcoal in late Devonian marine shales as an indicator of expanding terrestrial ecosystems, fire, and atmospheric change. *American Journal of Science* 315, 713–733. 经 *American Journal of Science* 许可转载。

37. 转载自 *Palaeogeography, Palaeoclimatology, Palaeoecology* 106,Scott, A.C. and Jones, T.J., The nature and influence of fires in Carboniferous ecosystems, pp. 91–112, Copyright (1994), figure 6,with permission from Elsevier。

38. 根据 W.G. Chaloner and W. S. Lacey (1973) Thedistribution of Late Palaeozoic floras. In Hughes, N.F. (ed.), *Organisms and Continents Through Time*. Special Papers in Palaeontology, 12, 241–269 的数据重新绘制。

39. 修改自 Glasspool, I.J., Scott, A.C., Waltham, D., Pronina,N.V., and Longyi Shao. 2015. The impact of fire on the Late Paleozoic Earth system. *Frontiers in Plant Science* 6, 756。

40. Karen Carr, Australian Museum.

41. Ian Glasspool and A.C. Scott.

42a. A.C. Scott.

42b. A.C. Scott.

43. A.C. Scott.

44. 转载自 figure 1, in *Cretaceous Research* 36, Brown, S.A.E.,Scott, A.C., Glasspool, I.J., and Collinson, M.E., Cretaceous wildfires and their impact on the Earth system, pp.

162–90, Copyright (2012), 经 Elsevier 许可。

45. 转载自 figure 1 in *Cretaceous Research* 36, Brown, S.A.E.,Scott, A.C., Glasspool, I.J., and Collinson, M.E., Cretaceous wildfires and their impact on the Earth system, pp. 162–190, Copyright (2012), with permission from Elsevier，经 Elsevier 许可。

46. A.C. Scott.

47. 照片由 M.E. Collinson 提供。

48. A.C. Scott.

49. 改编自 2014 年的新数据：Scott, A.C., Bowman, D.J.M.S., Bond,W.J., Pyne, S.J., and Alexander M. 2014. *Fire on Earth: An Introduction*. J. Wiley and Sons。

50. 重新绘制于 figure 2, in Bond, W.J. and Scott, A.C. Fire and thespread of flowering plants in the Cretaceous, *New Phytologist* (Wiley 2010), 188: 1137–50. doi:10.1111/j.1469-8137.2010.03418.x © New Phytologist Trust (2016)。

51. 源自 P. Bartlein and J. Marlon。

52. 图片由 T. Swetnam 提供。

53a. A.C. Scott.

53b. A.C. Scott.

53c. A.C. Scott.

53d. A.C. Scott.

54. www.cartoonstock.com.

55. 改编自 J.A.J. Gowlett 的作品。

56. 改编自 Archibald, S., Staver, A.C., Levin, S.A. 2012. Evolution of human-driven fire regimes in Africa. *Proc. Natl Acad.Sci. USA* 109, 847–852。

57. Diagram A.L.R. Westerling.

58. 图片由 T. Swetnam 提供。

59. 图片由 Guido van der Werf 提供。

60a. A.C. Scott.

60b. A.C. Scott.

61. 源自 Bowman, D.J.M.S., Balch, J., Artaxo, P., Bond, W.J., Cochrane, M.A.,

D'Antonio, C.M., DeFries, R., Johnston, F.H., Keeley, J.E., Krawchuk, M.A., Kull, C.A., Mack, M., Moritz, M.A.,Pyne, S.J., Roos, C.I., Scott, A.C., Sodhi, N.S., and Swetnam, T.W. 2011. The human dimension of fire regimes on Earth. *Journal of Biogeography* 38, 2223–2236。

结尾图片：来自 A.C.Scott。

附录：国际地质年代表基于国际地层学委员会 2017 年制作的图表制作，网址：http://www.stratigraphy.org/index.php/ics-chart-timescale。

插图来源

黑白图

1. A.C. Scott.
2a. A.C. Scott.
2b. A.C. Scott.
3a. A.C. Scott.
3b. A.C. Scott.
4a. A.C. Scott.
4b. A.C. Scott.
4c. A.C. Scott.
5. A.C. Scott.
6a. A.C. Scott.
6b. A.C. Scott.
6c. A.C. Scott.
6d. A.C. Scott.
6e. A.C. Scott.
7a. A.C. Scott.
7b. A.C. Scott.
7c. A.C. Scott.
8a. A. C. Scott.
8b. A. C. Scott.

9. A. C. Scott.

10a. A.C. Scott and I.J. Glasspool, Geology, Field Museum of NaturalHistory, Chicago.

10b. A.C. Scott and I.J. Glasspool, Geology, Field Museum of NaturalHistory, Chicago; Specimen PP55042.

10c. A.C. Scott and I.J. Glasspool, Geology, Field Museum of NaturalHistory, Chicago.

10d. A.C. Scott.

11. 源自 Collinson, M.E., Steart, D.C., Scott A.C., Glasspool, I.J., andHooker, J.J. 2007. Episodic fire, runoff and deposition at the Palaeocene–Eocene boundary. *Journal of the Geological Society, London* 164 87–97。

彩图

1. 美国国家航空航天局中分辨率成像光谱仪图像，编号：1163886。

2a. 源自美国国家航空航天局。

2b. 图片作者：Min Minnie Wong，源自美国国家航空航天局资料。

3. https://earthobservatory.nasa.gov/IOTD//view.php?id=5800><https://earthobservatory.nasa.gov/IOTD//view.php?id=5800.

4. © Tom Reichner/shutterstock.comTom Reichner/shutterstock.com.

5. 图片由 S. Doerr 提供。

6. John McColgan, Bureau of Land Management, Alaska Fire Service.Alaskan Type I Incident Management Team/Wikimedia Commons/Public Domain.

7. 图片由 S. Doerr 提供。

8. 图片由 S. Doerr 提供。

9. A.C. Scott.

10. A.C. Scott.

11. A.C. Scott.

12. Steve Greb.

13. 图片由 Douglas Henderson 提供。

14. Xinhua/Alamy Stock Photo.

出版人致谢

非常感谢获得许可在本书中使用以下受版权保护的材料。

S. J. Pyne from *Global Biomass Burning: Atmospheric, Climatic, and Biospheric Implications*, edited by Joel S. Levine, (MIT Press, 1991)。

经华盛顿大学出版社（University of Washington Press）许可再版，Stephen J. Pyne, *World Fire: The Culture of Fire on Earth* (University of Washington Press, 2014); 通过版权许可公司传达许可。

《火与冰》(*Fire and Ice*)，*The Poetry of Robert Frost*, edited by Edward Connery Lathem. Copyright ©1923, 1969 by Henry Holt and Company, copyright ©1951 by Robert Frost, copyright ©1998 by Penguin, Twentieth Century Classics。经亨利霍尔特公司和企鹅公司许可使用。版权所有。

出版人和作者在出版前已尽一切努力追踪和联系所有版权所有者。如果获告知，出版人将乐意尽早纠正任何错误或遗漏。

索 引

索引中的页码为英文原书页码，即本书页边码。斜体页码代表图表所在页。

B

C

D

E

F

G

H

I

J

K

L

M

N

Q

R

S

T

U

V

W

X

Y

图书在版编目（CIP）数据

燃烧的星球：火的自然史 /（英）安德鲁·C.斯科特（Andrew C. Scott）著；张弓，李伟彬译. -- 北京：社会科学文献出版社，2023.1

书名原文: Burning Planet: The Story of Fire Through Time

ISBN 978-7-5228-0912-0

Ⅰ. ①燃…　Ⅱ. ①安…　②张…　③李…　Ⅲ. ①森林火－研究　Ⅳ. ①S762.2

中国版本图书馆CIP数据核字（2022）第206588号

燃烧的星球
——火的自然史

著　　者 / [英] 安德鲁·C. 斯科特（Andrew·C. Scott）
译　　者 / 张　弓　李伟彬

出 版 人 / 王利民
责任编辑 / 杨　轩
文稿编辑 / 顾　萌
责任印制 / 王京美

出　　版 / 社会科学文献出版社（010）59367069
地址：北京市北三环中路甲29号院华龙大厦　邮编：100029
网址：www.ssap.com.cn
发　　行 / 社会科学文献出版社（010）59367028
印　　装 / 三河市东方印刷有限公司

规　　格 / 开　本：889mm×1194mm 1/32
印　张：8.5　插　页：0.75　字　数：165千字
版　　次 / 2023年1月第1版　2023年1月第1次印刷
书　　号 / ISBN 978-7-5228-0912-0
著作权合同登记号 / 图字01-2020-2603号
定　　价 / 79.00元

读者服务电话：4008918866